INVENTAIRE
S 22741

Baillon (H.)

Extrait de l'ADANSONIA, RECUEIL D'OBSERVATIONS BOTANIQUES,
Livraison de Novembre 1862.

DEUXIÈME MÉMOIRE

SUR

LES LORANTHACÉES

Par M. H. BAILLON.

I. S'il est démontré que les Olacinées et les Santalacées, telles que les comprennent la plupart des auteurs, ont même périanthe, même androcée, même placentation, et nous pouvons ajouter même fruit et mêmes graines, il n'y a plus de différence sensible entre les unes et les autres que l'insertion, c'est-à-dire la situation de l'ovaire, ou encore la forme du réceptacle. Les Santalacées proprement dites ont le réceptacle floral concave, c'est-à-dire l'ovaire infère en totalité ou en partie ; les Olacinées ont en général le réceptacle convexe, c'est-à-dire le gynécée entièrement supère.

Or, nous nous proposons actuellement d'établir que cette distinction est sans valeur, et qu'elle ne peut servir à séparer les uns des autres, des types qui concordent par tous les autres traits de leur organisation.

Qui songerait, par exemple, à placer dans une autre famille que celles des Primulacées dont l'ovaire est supère, les *Samolus*, dont l'ovaire est en partie infère ?

Qui pourrait même diviser en plusieurs genres un groupe tel que celui des Saxifrages, parce que certaines espèces ont l'ovaire supère, tandis qu'il est infère dans un certain nombre d'autres ?

Il est inutile de multiplier ici les exemples analogues, si fréquents qu'il n'y a guère de famille qui n'en puisse présenter

quelques-uns. Mais ce qu'il nous importe surtout d'établir, c'est que la famille des Olacinées, telle que l'admettent tous les botanistes, renferme à la fois des plantes à ovaire supère et des plantes à ovaire nettement infère.

Comparons sous ce rapport les *Olax* eux-mêmes aux *Liriosma*. Tout est si semblable dans la fleur des deux genres : périanthe et androcée caractéristiques, placentation, cupule pédonculaire extérieure, qu'il est fort probable qu'on les réunira un jour en un seul. Ne pas les laisser séparer est aussi logique, aussi raisonnable que ne point disjoindre toutes les espèces du genre *Saxifraga*. Et cependant, si les deux familles des Olacinées et des Santalacées pouvaient demeurer distinctes, l'*Olax* se placerait dans la première, et le *Liriosma* passerait dans la seconde, car son ovaire est infère. En réalité, cependant, la fleur du *Liriosma* n'est qu'une fleur d'*Olax*, dont le réceptacle est un peu déformé, et cela est si vrai que, voulant faire connaître l'organisation de l'une et de l'autre, nous n'en avons qu'une à décrire pour le moment. Analysons celle du *Liriosma*, et il nous suffira, pour décrire celle de l'*Olax*, d'ajouter que son réceptacle est moins concave.

Il y a des fleurs de *Liriosma* tout à fait régulières, et nous étudierons d'abord une de celles-là.

La corolle y est semi-infère, et elle est située en dedans du bourrelet pédonculaire dont nous connaissons l'origine. Celui-ci a la forme d'une cupule courte, à peu près nulle, même dans certaines fleurs du *Liriosma pauciflorum*. Les pétales sont au nombre de trois et libres jusqu'à leur base. Mais chacun d'eux est plus ou moins profondément bifide, comme s'il représentait un pétale formé de deux autres qui se seraient soudés dans une partie de leur étendue. En face de chaque pétale bifide, il y a une étamine fertile, superposée à la fente médiane. L'étamine est formée d'un filet aplati adhérent par sa base avec le pétale, et d'une anthère biloculaire, introrse, déhiscente par deux fentes longitudinales. On observe en outre à droite et à gauche de l'étamine fertile une longue languette velue, aplatie, élargie, membraneuse, à sommet bilolé. Insérées sur les pétales comme les étamines fertiles, et superposées à chacune de leurs moitiés, ces languettes représentent des staminodes.

L'étude de semblables fleurs régulières, qui ne sont pas rares chez les *Liriosma*, nous montre quelle est la symétrie florale de ces plantes. La corolle des *Liriosma* est formée de six pétales unis deux à deux dans une certaine étendue, et les étamines sont au nombre de neuf, savoir : six étamines stériles qui sont superposées aux six pétales, et trois étamines fertiles alternes avec les pétales et répondant aux trois lignes de séparation incomplète qui existent entre les pétales soudés deux à deux. Nous verrons ailleurs comment cette symétrie s'altère fréquemment dans les fleurs devenues irrégulières des *Olax* et des *Liriosma*.

Le gynécée se compose d'un ovaire semi-infère triloculaire à sa partie inférieure, mais les cloisons qui séparent les trois loges ne s'élèvent pas jusqu'au sommet de la cavité ovarienne, et manquent dans la portion de cette cavité qui est située au-dessus de l'insertion de la corolle. Là il ne subsiste donc plus qu'une columelle placentaire centrale, qui supporte trois ovules suspendus. Ces ovules ont le raphé dorsal. Quant à la portion uniloculaire de l'ovaire, elle est enveloppée par une sorte de toit conique qui s'effile supérieurement en un long style légèrement trigone à sa base et dilaté à son sommet en une tête stigmatifère trilobée. Chacun des lobes stigmatiques est superposé à un angle de l'ovaire, à un ovule, à une loge incomplète de l'ovaire, et en même temps alterne avec deux étamines fertiles. Il en résulte que les cloisons interposées entre les loges de l'ovaire répondent à la ligne de bifurcation qui partage un pétale en deux lobes.

Dans les fleurs jeunes, les ovules sont arrondis et très courts. C'est à peine s'ils descendent plus bas que l'insertion de la corolle. Les loges ovariennes sont alors presque nulles et presque entièrement supères. Mais plus tard, quoique bien avant l'anthèse, les ovules s'allongent beaucoup par leur région inférieure, en une pointe conique étroite. Le sommet de ce prolongement descend alors graduellement bien plus bas que le niveau de l'insertion du périanthe. Et en même temps chacune des loges ovariennes se creuse (1) par le fond, pour donner place à cette portion accrue de l'ovule.

Il est donc facile de comprendre pourquoi le réceptacle devient ainsi de plus en plus infère avec l'âge. Dans certaines Santalacées, la déformation, le creusement de l'axe ne s'arrêtent point à l'époque de l'anthèse, et elle se continue au delà. Voilà pourquoi le fruit est plus infère que l'ovaire dans les *Pyrularia*, les *Sphærocarya*, et nous avons dit que c'était probablement aussi la cause qui donne au *Strombosia* un fruit infère, alors que l'insertion de sa corolle est d'abord complétement hypogyne.

Nous avons dit qu'une fois les *Liriosma* connus, il suffisait d'un seul mot pour caractériser les *Olax*. Ce sont des *Liriosma* à ovaire supère ; ce qui tient à ce que le réceptacle floral de l'*Olax* ne se creuse pas en forme de coupe et demeure ou convexe, ou à peu près plan. Les ovules de l'*Olax* s'allongent bien aussi à un certain âge par leur portion inférieure, et cet allongement détermine bien aussi, vers la base de l'ovaire, la formation de trois loges et de trois cloisons incomplètes, comparables à celles des *Myzodendron*, *Arjona*, *Quinchamalium*, etc. Dans les *Olax Benthamiana*, *stricta*, *Pseudaleia*, etc., les cloisons sont même fort développées et elles peuvent ne plus laisser que tout à fait en haut une voie de communication entre les trois loges ovariennes. Mais la situation de l'ovaire au-dessus du périanthe fait que l'ovule peut s'allonger considérablement sans que son extrémité inférieure et la base de la loge qui le contient descendent plus bas que l'insertion de la corolle. C'est pourtant ce qui arrive, quoiqu'à un faible degré, après l'épanouissement, dans une espèce d'*Olax* sénégambienne récoltée par Heudelot. Le fond des loges ovariennes est un peu plus bas que le niveau d'insertion du périanthe ; si bien que

______

(1) Nous savons déjà ce qu'il faut entendre par cette expression.

cette espèce sert de transition des *Olax* proprement dits aux *Liriosma* américains (1).

Le *Liriosma* est donc à l'*Olax* ce que le *Saxifraga ligulata* est au *S. irrigua* (2), ce que le *Lavallea* est au *Strombosia*; ce que certains *Anacolosa* sont aux *Cathedra*, ce que les *Viscum* et les *Exocarpos* sont aux *Anthobolus*.

II. Le *Pseudaleia* de Dupetit-Thouars (3) est demeuré jusqu'à ce jour parmi les genres douteux. De Candolle (4) l'a conservé, tandis que Willdenow (5) l'a fait rentrer dans le genre *Olax*. Endlicher (6) a soupçonné, avec raison, que cette dernière opinion devait être adoptée et que Dupetit-Thouars a décrit comme un embryon l'albumen de son *Pseudaleia*. Il nous a été permis de constater que l'embryon relativement peu considérable de cette plante, est entouré d'un albumen charnu abondant. La dénomination d'*Olax Pseudaleia* proposée par Willdenow devra donc être adoptée. Mais plus souvent que les autres espèces du genre, celle-ci peut offrir des fleurs tout à fait régulières et celles-là même qui sont irrégulières ne sont pas toutes semblables entre elles.

La fleur type des *Pseudaleia* est pourvue d'une corolle formée

(1) MM. Planchon et Decaisne, tout en rapprochant les Santalacées des Olacinées (*Bull. de la Soc. bot.*, t. II, p. 87), ne confondent pas ensemble ces deux familles. Mais il est aisé de voir que ce n'est pas d'après la situation de l'ovaire au-dessus ou au-dessous du périanthe, qu'ils les distinguent; car ils font une Santalacée du *Groutia* qui a l'ovaire supère, et qui est une Olacinée pour tout le monde, et une Olacinée du *Liriosma* qui a l'ovaire infère. Quant au *Polyosma* que ces botanistes rangent parmi les Cornées, je crois qu'il n'a aucun des caractères qui conviennent à cette dernière famille.

(2) L'ovaire est tout à fait supère dans les *S. cordifolia, crassifolia, hirsuta, dentata, rotundifolia*, etc., infère dans les *S. stellaris, Aizoon, cæspitosa, ajugæfolia*, etc.; dans le *S. oppositifolia*, l'ovaire est semi-infère.

(3) *Genera nova madagascariensia*, 15.

(4) *Prodromus*, t. 1, p. 533.

(5) In Steudel, *Nomenclator*.

(6) *Genera plantarum*, 1042, n. 5493.

de six pétales soudés deux à deux dans une assez grande étendue. Il semble alors qu'il n'y ait que trois pétales bifides. L'androcée est constitué par six étamines fertiles superposées aux six pétales primitifs. Leurs filets très larges à la base, s'amincissent brusquement vers leur sommet pour s'implanter sur le dos d'une anthère biloculaire, introrse et déhiscente par deux fentes longitudinales. Entre l'étamine et le pétale correspondant, il y a une petite languette membraneuse frangée sur les bords. Le gynécée se compose d'un ovaire libre, incomplétement triloculaire et porté sur un pied que forme le sommet prolongé du réceptacle. Il est surmonté d'un style renflé en cône à sa base, puis atténué et terminé par une petite tête stigmatifère triangulaire. Les sommets du triangle répondent aux loges ovariennes incomplètes dans chacune desquelles est suspendu un ovule à raphé dorsal. Le style est parcouru dans toute sa longueur par trois sillons verticaux qui répondent aux cloisons. Le fruit est celui de tous les *Olax*, le sommet du pédoncule floral se dilatant à sa base en une cupule qui existe déjà dans la fleur.

Si le périanthe et l'androcée étaient construits d'une manière constante comme dans les fleurs exceptionnelles que nous venons d'étudier, nous serions porté à séparer génériquement les *Pseudaleia* des *Olax* proprement dits, car dans ces derniers, la situation des étamines fertiles par rapport aux pièces de la corolle est généralement différente, de même que dans les *Liriosma*, et de plus, un certain nombre d'étamines demeurent stériles. Mais le même fait existe ordinairement aussi chez le *Pseudaleia* et il n'y a rien de plus variable, sur une même plante, que la situation des étamines fertiles. Et d'abord, en général, les six pétales ne sont pas soudés par paires, mais seulement deux d'entre eux, comme dans les *Olax*; en sorte qu'il y a quatre pétales libres à chacun desquels répondent une étamine et un pétale double qui porte intérieurement deux étamines. Ailleurs l'une de ces deux étamines est remplacée par un staminode en forme de languette, comme dans les *Olax*. Ailleurs encore les deux étamines fertiles oppo-

sées à une paire de pétales voisins semblent s'être confondues
sur la ligne d'union de ces deux pétales en une seule étamine fertile qui se trouve alors en réalité alterne avec deux folioles de la
corolle. Et très souvent aussi, outre ces étamines alternes, il y a
des languettes stériles superposées à tous les pétales ou du moins
à quelques-uns d'entre eux. Rien n'est plus variable, en un mot,
dans le genre *Olax*, tel que nous le concevons, que la disposition
des différents éléments de l'androcée ; mais le *Pseudaleia* sans
staminodes et pourvu de six étamines fertiles superposées aux
pétales, nous paraît représenter le type le plus parfait de ce
genre.

III. Il résulte de ce qui précède que le type isostémoné, si
fréquent chez les plantes que nous étudions, passe facilement à la
dyplostémonie chez les Olacinées proprement dites. Le nombre
des étamines fertiles ne dépasse pas cependant celui des pétales
dans la fleur des *Olax*, les étamines surnuméraires étant stériles.
Il n'est pas possible d'hésiter sur la nature de ces appendices inter-
posés aux étamines fertiles. Ils ont exactement la même apparence
qu'elles dans leur jeune âge. Les deux loges de leur anthère se
dessinent tout d'abord de la même manière. Ce n'est qu'ultérieurement qu'on voit ces loges s'allonger, s'aplatir en une sorte de
lame spatulée qui simule une petite languette pétaloïde, et dans
le *Pseudaleia* lui-même, j'ai vu plus d'une fois ces languettes conserver une certaine épaisseur et contenir dans leur tissu un certain nombre de grains de pollen.

Ces organes représentent donc bien des étamines devenues stériles. Or, dans un genre fort anciennement connu qui se rapproche
beaucoup des *Olax* par tous ses caractères essentiels, quoiqu'au
premier abord il présente avec eux des différences très tranchées,
mais bien plutôt apparentes que réelles, les étamines sont le plus
souvent en nombre double de celui des pétales et toutes fertiles.
Ce genre est l'*Heisteria* de Linné dont M. Triana a reconnu
depuis plusieurs années l'identité avec le *Rhaptostylum* de

Kunth (1). Des dix étamines des *Heisteria*, si quelques-unes viennent
à disparaître, ce sont ordinairement celles qui seraient superposées
aux pétales. Dans l'*H. cauliflora* et plusieurs autres espèces américaines, elles sont bien plus courtes déjà que celles qui sont
alternes. Leurs filets aplatis sont étroitement appliqués contre la
corolle et comme collés contre elle, mais ordinairement sans véritable soudure. Le gynécée est entièrement supère. Il se compose
d'un ovaire surmonté d'un style pyramidal fort atténué et dont le
sommet se partage, dans l'espèce citée, en trois lobes fort peu
prononcés, recouverts de papilles stigmatiques. L'ovaire est ordinairement déprimé et gonflé à sa base, en une sorte de disque
circulaire épais qui porte dix sillons peu prononcés en face des
étamines. Les pétales sont au nombre de cinq (2), libres entre
eux, valvaires dans le bouton, et le calice présente autant de divisions souvent très profondes. Il résulte de ce fait et de l'alternance fort exacte des lobes de ce calice avec les pétales, que peut-
être il doit être considéré comme véritablement formé d'organes
appendiculaires et non point d'une simple expansion pédonculaire.
Sous ce rapport l'*Heisteria* est probablement comparable au *Ximenia*, dont nous parlerons bientôt. Mais l'étude organogénique de
cette enveloppe qui prend souvent autour du fruit des *Heisteria*,
un accroissement si remarquable, pourra seule lever nos doutes
à cet égard.

La plus spécieuse des différences qui séparent un *Heisteria* d'un
Olax, c'est la présence d'un ovaire triloculaire dans le premier,
tandis qu'on accorde volontiers aux derniers un ovaire uniloculaire,
avec un placenta central libre. Mais, pour quiconque voudra appliquer à ces plantes cette méthode des analogies et des transitions
qui jouit actuellement d'une si grande faveur, il deviendra incontestable que l'organisation ovarienne de l'*Heisteria* peut être

<hr>

(1) H. B. K., *Nov. gen. et spec.*, t. VII, 78, t. 621. — *Pl. æquinoct.*, II, 139,
t. 125 (*Gen. affin. Ilicineis*, suivant Endlicher, *Gen.*, n. 5713.).

(2) A moins que la fleur ne soit exceptionnellement construite sur le type 6,
comme il arrive pour tous les genres voisins.

ramenée très facilement à celle des *Thesium*, ou de toute autre
Santalacée proprement dite. Le placenta est une colonne centrale
libre dans les *Thesium* et dans quelques *Olax*. Dans d'autres
espèces de ce dernier genre, il y a trois fossettes à peine indiquées
au fond de la loge. Mais dans le *Pseudaleia*, les logettes deviennent plus profondes. Dans les *Liriosma*, les loges se prononcent
encore davantage, et les cloisons atteignent souvent presque toute
la hauteur de la cavité ovarienne. Dans les *Heisteria* enfin, comme
dans les *Ximenia*, il ne reste plus, au-dessus de ces cloisons,
qu'un petit espace vide où proémine le sommet du placenta. En ce
point cependant l'ovaire est encore uniloculaire et la placentation
mérite le nom de centrale-libre. Les trois ovules sont suspendus
à une colonne qui ne peut être d'une autre nature que celle des
Thesium; et malgré l'existence de plusieurs loges presque complètes dans les *Heisteria*, la série des faits que nous venons de
parcourir doit être la condamnation évidente de la théorie de la
placentation carpellaire ou appendiculaire, quoique cette théorie
puisse invoquer tant d'apparences en sa faveur.

IV. On pourrait appliquer aux *Heisteria* presque tout ce que
nous dirons des *Ximenia* que nous définirons des *Heisteria* à
fleurs tétramères. A part le *X. olacioides* W. et Arn., qui est un
véritable *Olax* à fleurs distiques, et le *X. ramosissima* Shuttl.,
que ses ovules ascendants nous paraissent devoir exclure de ce
groupe; les trois espèces de ce genre qui se trouvent abondam-
ment dans les herbiers, sont caractérisées par leur androcée di—
plostémone et leur ovaire presque pluriloculaire. De Candolle (1)
avait dit avec raison, il nous semble, que l'ovaire des *Ximenia*
était quadriovulé. Endlicher (2), modifiant ce caractère, le con-
sidère comme triloculaire et triovulé. Nous avons toujours vu les
ovules en même nombre que les pétales et alternes avec eux.

(1) *Prodromus,* t. I, p. 532.
(2) *Genera,* p. 1042, n. 5490.

Dans l'espèce la plus commune de nos herbiers, le *X. americana* L., le calice (?) est gamosépale à quatre divisions, dont deux sont latérales; elles ne se touchent pas par les bords. La corolle, bien plus allongée, est formée de quatre pétales libres et disposés dans le bouton en préfloraison valvaire. Ces pétales sont épais, concaves en dedans, glabres en dehors et pourvus sur leur face intérieure de poils épais très abondants. L'androcée est constitué par huit étamines hypogynes et libres, dont quatre sont superposées aux pétales et quatre alternes. Leurs filets sont grêles et dressés, et leurs anthères basifixes sont étroites, allongées, à deux loges adnées suivant toute la longueur d'un connectif linéaire. Les sillons de déhiscence de ces loges sont presque latéraux; toutefois les anthères sont introrses, comme l'établissent tous les auteurs. Aux deux extrémités de l'anthère, le connectif dépassant un peu les loges présente un petit renflement de consistance glanduleuse. Le gynécée supère se compose d'un ovaire allongé surmonté d'un style grêle dont l'extrémité à peu près entière, légèrement capitée, se couvre de papilles stigmatiques. Dans toute la hauteur de l'ovaire règnent quatre sillons verticaux qui séparent quatre côtes saillantes. Les côtes répondent aux loges ovariennes et se trouvent par conséquent en face des divisions du calice. Près de sa base, l'ovaire présente de bonne heure un renflement ou disque, à huit lobes séparés par des échancrures inégales. Quatre d'entre elles superposées aux pétales sont plus profondes que les quatre autres qui regardent les sépales. Chaque échancrure loge incomplétement une partie de la base d'un filet staminal.

Dans chaque loge est suspendu un ovule cylindroïde, très allongé, à raphé dorsal, à micropyle intérieur et supérieur. Il nous reste à préciser le point d'insertion de cet ovule.

La placentation n'est pas plus axile dans le *Ximenia* que dans l'*Heisteria*, mais bien centrale. Il n'est pas bien difficile d'enlever les quatre ovules d'un seul coup, en séparant transversalement le sommet du placenta qui les porte, et cela sans toucher aux cloisons. Il est ainsi démontré que l'ovaire partagé en quatre loges dans la plus grande partie de sa hauteur, n'en a plus qu'une au sommet, et que c'est dans cette courte portion uniloculaire que sont attachés les ovules. Au-dessus d'eux le placenta se termine librement en une pointe aiguë qui s'engage, sans y adhérer en aucune façon, dans un canal conique dont est creusée la base du style. Quant aux cloisons, si elles cessent à ce niveau de partager l'ovaire en quatre compartiments, il ne faut pas croire néanmoins qu'elles disparaissent entièrement. Leur bord supérieur est coupé fort obliquement de haut en bas et de dehors en dedans. Il en résulte que, dans sa portion tout à fait extrême, ce bord n'arrive pas jusqu'au sommet du placenta qui demeure libre. Mais le canal stylaire, dans lequel le bord s'insinue, a sur une coupe transversale la forme d'une croix, étant imparfaitement partagé en quatre compartiments par des cloisons centripètes incomplètes.

Dans le *X. caffra* Sond., on observe la même organisation pistillaire, mais d'une manière plus manifeste, car les cloisons interloculaires ne s'élèvent guère que jusqu'au milieu de la hauteur de la cavité ovarienne, et il y a une chambre unique assez élevée qui commence au-dessous de l'insertion des ovules.

Mais aucune espèce mieux que le *X. elliptica* Forst., ne m'a permis de saisir les différents traits de l'organisation florale du genre, car il est facile d'étudier sur les échantillons d'herbier, sinon l'apparition, du moins le très jeune âge de toutes les parties de la fleur. Quant au calice, ses divisions ne se touchent à aucun âge et demeurent constamment écartées les unes des autres. Peut-être est-il formé par de véritables sépales et non par une expansion pédonculaire, car il est grand déjà quand les pétales sont réduits à de très petites dimensions. S'il en était ainsi, les *Ximenia* seraient, sous ce rapport, aux autres Olacinées, ce que les Cinchonées sont aux Rubiacées asépales. La corolle est longtemps complétement glabre, aussi bien en dedans qu'en dehors. Mais il se produit ultérieurement sur la face intérieure du pétale, une saillie verticale de chaque côté et à égale distance de la ligne médiane, et c'est sur ces deux saillies que se développent les premiers poils.

Quant au pistil, les quatre dépressions qui sont situées autour de la base du placenta, se produisent de très bonne heure et avant l'apparition des ovules. Le réceptacle ne se creuse donc pas ici tardivement, comme il arrive dans les *Olax* et les autres genres analogues. La cavité uniloculaire de la portion supérieure de l'ovaire se prolonge dans le style jusqu'à son sommet, et y constitue un petit canal permanent jusqu'après l'anthèse. On y voit que le tissu stigmatique se forme sur les bords mêmes de l'ouverture supérieure de ce conduit, en même temps que ces bords s'épaississent un peu et se renversent en dehors.

V. Le nombre des étamines qui est double de celui des pétales dans les *Ximenia* et la plupart des *Heisteria*, peut même devenir quadruple dans un genre nouveau que nous appellerons *Coula*. C'est le nom que donnent les habitants du Gabon à un arbre très remarquable, dont les graines leur fournissent un aliment fort recherché. Nous devons encore la connaissance de ce végétal à M. Aubry-le-Comte qui en a rapporté des échantillons fleuris et des fruits en 1845. Le port et les organes de la végétation sont ceux de la plupart des Olacinées et les fleurs sont régulières et hermaphrodites. Elles sont probablement dépourvues de calice véritable, et l'enceinte circulaire tout à fait entière qu'on observe autour de la base de la fleur, sous forme d'un anneau continu et aplati, doit sans doute être considérée comme un bourrelet pédonculaire. La corolle est infère et se compose de cinq pétales libres entre eux, hypogynes et disposés dans le bouton en préfloraison valvaire. L'androcée est constitué par vingt étamines également hypogynes, et qui, si l'on en juge par leur taille relative, appartiennent à trois verticilles différents. Les cinq plus grandes étamines répondent à l'intervalle des cinq pétales et les cinq plus petites sont superposées à ces pétales, en face de leur ligne médiane. Il y a en outre, à droite et à gauche de cette petite étamine, une étamine de chaque côté de la ligne médiane du pétale. Ces deux étamines superposées par conséquent chacune à une moitié du pétale correspondant, sont égales entre elles, mais plus grandes que l'étamine qui est entre elles deux, et plus petites que celle qui alterne avec deux pétales voisins. Chaque étamine se compose d'un filet libre et d'une anthère tétragone, un peu aplatie de dehors en dedans, introrse et déhiscente par deux fentes longitudinales.

Le gynécée se compose d'un ovaire supère, large et surbaissé, présentant inférieurement la forme d'un cylindre, sur la paroi convexe duquel se remarquent des sillons verticaux déprimés qui répondent aux filets des étamines. Celles-ci s'appliquent et se moulent par leur face intérieure dans ces dépressions. Au sommet, l'ovaire s'atténue en un style conique surbaissé dont l'extrémité à peine élargie, forme un petit stigmate. L'ovaire est uniloculaire, avec un placenta central libre qui ne s'élève pas tout à fait jusqu'au sommet de la loge. De l'extrémité supérieure de ce placenta, pendent trois ovules. Un de ces ovules est superposé à une foliole de la corolle ; les deux autres se trouvent en face de l'intervalle de deux pétales.

Dans sa portion inférieure, l'ovaire n'est plus uniloculaire, mais bien séparé, comme celui des *Liriosma, Pseudaleia, Quinchamalium, Myzodendron*, etc., en trois logettes incomplètes, par des cloisons partielles qui séparent les ovules les uns des autres dans leur portion inférieure et libre.

Telle est l'organisation la plus fréquente de la fleur. Mais elle est sujette à varier. Ainsi les étamines peuvent être réduites au nombre de quinze, parce que les cinq plus petites d'entre elles, celles qui sont en face de la ligne médiane des pétales, viennent parfois à manquer. Ailleurs, des modifications plus profondes peuvent survenir, le nombre des pièces de la corolle diminuant, tandis que le nombre des ovules est augmenté.

Il y a, en effet, des fleurs à quatre pétales et à quatre ovules alternes avec les pétales, avec quatre fosses ou loges incomplètes dans le fond de l'ovaire. Avec quatre pétales il n'y a au plus que seize étamines, savoir : trois étamines en face de chaque pétale et une étamine en face de l'intervalle des pétales. Mais aussi la petite étamine qui répond au milieu du pétale peut manquer et l'androcée être ainsi réduit à douze pièces.

Le fruit du *Coula* présente extérieurement une grande analogie avec celui du Noyer. C'est aussi une drupe à sarcocarpe peu épais et légèrement coriace. Mais sa forme est moins allongée : c'est celle d'une sphère légèrement aplatie vers le pôle supérieur. Ce fruit est indéhiscent et son noyau ne s'ouvre jamais comme celui de la Noix ; mais le brou se détruit graduellement dans ses couches extérieures. L'endocarpe est très dur et très épais ; les habitants le brisent entre deux pierres, afin d'en extraire la graine qu'ils mangent seule. Un épicarpe mince et lisse recouvre le brou, et l'intérieur du noyau est tapissé d'une couche brunâtre, molle et subéreuse, dont l'origine nous échappe. Une seule graine sphéroïdale remplit toute la cavité du péricarpe. A son point d'attache répond une légère dépression. Les téguments séminaux sont au nombre de deux. L'intérieur est une membrane mince, sèche, d'un brun foncé. L'enveloppe extérieure, plus épaisse et plus pâle, est de consistance subéreuse. En dedans se trouve un albumen très abondant et charnu dont le goût rappelait un peu celui du pain bis. A sa partie supérieure, cet albumen est creusé d'une cavité qui renferme l'embryon et de la base de cette cavité jusqu'à la chalaze, on aperçoit un canal étroit à paroi mal limitée, dilaté du côté de la chalaze. Ce canal représente probablement l'analogue du *vas umbilicale* que Malpighi (1) avait, dès 1675, si bien observé dans la graine de l'Amandier et de quelques autres plantes. Et s'il en était ainsi, nous serions porté à penser que l'albumen du *Coula* est d'origine purement nucellaire, ce qui demande à être vérifié.

L'embryon se compose d'un corps fusiforme trapu, atténué aux

____

(1) *Anatome plantarum* (*De seminis generatione*), 57, t. XXXVIII.

deux extrémités et représentant l'ensemble de la tigelle et de la
radicule, et de deux cotylédons relativement peu développés,
aplatis et à peu près circulaires. Ils sont appliqués exactement l'un
contre l'autre et leur bord est finement crénelé.

Les feuilles du *Coula* sont alternes, pétiolées, dépourvues de
stipules et ses inflorescences sont des grappes géminées axillaires. Autant qu'on peut en juger sur des échantillons desséchés,
il y a d'abord une grappe principale située à l'aisselle d'une feuille
et portant des bractées alternes uniflores ; mais cette grappe porte
latéralement, à une certaine hauteur, un axe secondaire latéral qui
lui-même est chargé de bractées alternes ayant chacune une fleur
à leur aisselle (1).

(1) COULA *nov. gen.*

Flos hermaphroditus regularis. *Perianthium* inferum simplex. *Corollæ* petala 5
libera crassa ; præfloratione valvata, basi annulo calyciformi brevi coriaceo subintegro (pedunculo incrassato) circumdata. Flos rarius 4-merus. *Stamina* hypogyna
libera petalis numero 4-plo æqualia, scilicet in flore 5-mero plerumque 20, quorum 5 majora cum petalis alternantia, 3 autem breviora petalis singulis opposita,
filamentis subulatis erectis, antheris introrsis 2-rimosis. *Germen* superum omnino
liberum apice in stylum brevem integrum subulatum attenuatum uniloculare, basi
incomplete 3-4 loculare ; ovulis 3-4 placenta centrali insertis pendulis in flore
4-mero cum petalis alternantibus. *Fructus* drupaceus abortu unilocularis 1-sper-
mus. *Semen* pendulum albuminosum, perispermo carnoso, embryone macropodo,
radicula fusiformi, cotyledonibus complanatis orbiculatis crenulatis.

Arbor foliis alternis petiolatis exstipulaceis ; floribus racemosis axillaribus.

Spec. unica. COULA EDULIS.

ARBOR ramis teretibus glabris, novellis pube levi ferruginea, uti plantæ fere
totæ partes juniores, conspersis. FOLIA alterna petiolata ovato-acuta, basi aut
rotundata aut obtuse cuneata, ad apicem abrupte acuminata, summo apice acutiusculo
(8-10 cent. longa, 5 cent. lata) integerrima, margine reflexo, coriacea supra glaberrima lucida lævia, subtus ferrugineo-opaca, penninervia, costa nervisque pri-
mariis subtus prominulis, supra concavis, venis inconspicuis. PETIOLI subtus con-
vexi supra canaliculati glabri, novelli ferrugineo-puberuli (1 ½ cent. longi). STIPULÆ,
ut videtur, nullæ. Flores hermaphroditi racemosi, racemis petiolo subæqualibus
axillaribus nonnihilve supra-axillaribus, compositis, ex omni parte ferrugineis puberulis. PEDICELLI breves apice paulo incrassati puberuli. CALYX (v. potius CALYCO-
DIUM) annularis brevis coriaceus subinteger glaberrimus persistens? COROLLÆ
petala subcoriacea crassa intus inæquali-sulcata pubescentia, mox decidua. STAMINA
inter se valde inæqualia petalis simul et ovario in alabastro adpressa. GERMEN
inde sulcis incompletis e filamentorum compressione inæquali-impressum, cylin-
dricum, mox apice paululum dilatato turbinatum ; stylo integro apice vix dilatato
stigmatoso staminibus multo breviore. FRUCTUS subglobosus glaber (3-3 ½ cent.

VI. MM. G. Bentham et J. D. Hooker viennent de publier, dans la première partie de leur *Genera plantarum*, ouvrage si impatiemment attendu des botanistes, ce qui est relatif à l'ordre des Olacinées (p. 342). Nous nous estimerons très heureux de pouvoir mettre à profit, pour la rédaction du reste de notre travail, les observations qui sont consignées dans ce bel ouvrage. Mais l'étude du groupe des Olacinées, telle qu'elle est présentée par MM. Bentham et Hooker, demeure sans conséquence relativement à l'idée fondamentale qui préside à nos recherches : la fusion, l'assimilation complète des Loranthacées, Santalacées, Olacinées, Anthobolées, etc. Les savants auteurs du nouveau *Genera* ont en effet entièrement adopté l'opinion déjà ancienne qui place les Olacinées dipérianthées bien loin des Santalacées, qui sont des plantes à fleurs monochlamydées. Un seul exemple suffira pour montrer clairement quelle grande distance nous sépare. Le *Champereia* de Griffith que nous osions à peine (1) distinguer génériquement du *Cansjera* et du *Lepionurus*, est rangé par MM. Hooker et Bentham parmi les Santalacées, tandis que les deux derniers genres nommés sont pour eux des Olacinées, parce qu'ils les croient pourvus d'un calice et d'une corolle. Or, nous n'admettons pas plus l'existence d'un double périanthe véritable chez le *Lepionurus* que chez le *Champereia*, l'*Opilia*, etc. Il est superflu d'insister sur cette dissidence complète ; ce que

latus), endocarpio durissimo. Semen, nisi apice depresso, globosum (1½ cent. latum). Embryo minutus albumine 5-plo brevior.

Viget in plagis gabonensibus ibique vernacule *Coula* vel *N'coula* audit (nomen unde generi impositum). Legit indefessus viator *Aubry-le-Comte* a quo specimen archetypicum Musco colonarium gallicarum, anno 1861, dono datum est.

Obs. Stirps adspectu *Olacineis* simul et *Humiriaceis* nonnullis affinis. Et genus inter *Humiriaceas* illis comparandum quorum stamina numero indefinita. Corolla quoque haud absimilis. Sed *Coulæ* calyx non, ut videtur, legitimus ; nec antherarum connectivi forma peculiaris, unde *Humiriacea* quælibet primo intuitu dignoscitur. Germen *Vantaneæ* generumque affinium pluriloculare ovula pendula fovet quorum micropyle extrorsum supera et inde ab iis *Olacinearum* facile distinguuntur.

(1) Voyez notre premier *Mémoire sur les Loranthacées* (*Adansonia*, t. II, p. 370).

nous avons à dire actuellement du genre *Schœpfia* ne fera que le confirmer.

Le *Schœpfia* appartient maintenant sans contestation, pour tous les botanistes, à l'ordre des Olacinées. M. A. de Candolle (1) partage sous ce rapport l'opinion de MM. Bentham et Hooker (2). Pour nous le *Schœpfia* est en effet complétement analogue à l'*Heisteria* et à l'*Anacolosa*, mais en même temps il est plus inséparable encore des Santalacées proprement dites de tous les auteurs ; de sorte que nous puisons dans l'organisation de ce genre un nouvel argument pour confondre entièrement les deux ordres des Santalacées et des Olacinées.

Si nous examinons d'abord la fleur du *S. fragrans* WALL., nous voyons qu'elle se compose d'un ovaire semi-infère sur la partie supérieure duquel s'insère une corolle tubuleuse campanulée, monopétale inférieurement et divisée plus haut en cinq lobes égaux dont la préfloraison est valvaire. C'est sur cette corolle que s'insèrent, comme dans plusieurs Santalacées, les étamines superposées aux lobes de la corolle et en même nombre qu'eux. L'ovaire est uniloculaire dans la moitié environ de sa hauteur et contient un placenta central qui supporte trois ovules suspendus. Ce placenta adhère inférieurement avec trois cloisons incomplètes, alternes avec les ovules, et tout à fait comparables à celles que nous avons observées dans les *Liriosma, Myzodendron, Arjona, Quinchamalium*, etc. Ainsi constitué, l'ovaire s'atténue inférieurement en un pédoncule ou axe plein qui le supporte. Or, sur ce pédoncule, plus bas que le fond de la cavité ovarienne, on voit naître une seconde enveloppe florale. C'est un petit sac dont le fond est d'une seule pièce, mais dont le bord libre est découpé en trois lobes peu prononcés et déchiquetés irrégulièrement en haut. La plupart des auteurs considèrent l'ensemble de ces trois bractées

---

(1) *Prodromus*, t. XIV, p. xxx, et *Note sur la famille des Santalacées.*

(2) *Genera plantarum ad exemplaria imprimis in herbariis Kewensibus servata*, t. I (1862), p. 348.

comme un involucre et pour eux la fleur ne possède qu'un périanthe simple situé plus haut. Nous avons dit que nous partagions cette opinion généralement adoptée. Il s'agit ici de l'organe qui dans l'*Olax multiflora* peut renfermer deux fleurs au lieu d'une. MM. Bentham et Hooker (p. 349) en font au contraire un calice. Mais comme ces bractées situées sous la fleur sont à nos yeux exactement les mêmes que celles qui forment un involucre sous l'ovaire infère du *Choretrum* et de plusieurs autres plantes que les mêmes auteurs rangent parmi les Santalacées, nous pensons qu'il faut forcément accorder un périanthe double à ces dernières, si on l'attribue aux *Schœpfia* et comme l'organisation florale de ces divers genres est de tous points la même, quoique l'on applique des dénominations différentes aux parties identiques, nous n'admettons pas qu'on puisse les placer dans des groupes naturels distincts (1).

Il est vrai qu'outre le calice de MM. Bentham et Hooker, qui pour nous ne mérite pas ce nom, la fleur des *Schœpfia* peut posséder un autre organe qui serait, aux yeux de la plupart des botanistes, le véritable calice. C'est probablement ce que MM. Bentham et Hooker appellent le disque hypogyne. Dans le *S. sinensis* Gardn., et Champ., par exemple, on voit à la base de la corolle un bourrelet circulaire qui répond à peu près au milieu de la hauteur de l'ovaire et qui, par conséquent, ne peut être confondu avec l'involucre infère que nous avons étudié dans le *S. fragrans*. Cet anneau saillant mériterait mieux, à ce qu'il semble, le nom de

---

(1) Un fait analogue s'observe dans une plante que nous avons étudiée récemment l'*Anstrutheria* ou *Weihea* (*Adansonia*, t. II, p. 28), et dans quelques autre, Légnotidées, *Crossostylis*, *Haplopetalum*, etc. L'enveloppe extérieure du bouton est formée par des écailles qui simulent parfaitement un calice, mais en dedans desquelles on trouve bientôt le véritable calice et la corolle. A cet âge, il n'y a que fort peu de distance entre le calice véritable et l'involucre. Mais plus tard celui-ci se trouve assez loin au-dessous de la fleur, par suite de l'allongement de l'entre-nœud qui le sépare du périanthe. Dans les boutons de quelques Clématites, il y a sous la fleur un sac formé de la même manière, que, pour être logiques, les botanistes qui partagent les opinions de MM. Bentham et Hooker, devront considérer comme le véritable calice.

calice, car son insertion est la même que celle de la corolle. Mais nous partageons entièrement la manière de voir de MM. Bentham et Hooker, au sujet de cet organe qu'ils appellent un disque, car pour nous c'est encore, comme dans le *Choretrum*, un épaississement du bord extérieur de la coupe réceptaculaire et non pas un organe appendiculaire appartenant au périanthe. Nous regardons les *Schœpfia* comme monopérianthés, tout aussi bien que les *Thesium*.

Nous ne pensons pas d'ailleurs que la situation de l'ovaire dans les *Schœpfia* soit invoquée comme un caractère qui puisse les éloigner des Santalacées. Dans les espèces africaines que nous venons d'étudier, l'ovaire n'est en effet que semi-infère. Mais il l'est également dans les *Comandra*, les *Santalum*, etc. De plus, les espèces américaines que Vahl a désignées sous le nom de *Codonium*, ont en général l'ovaire complétement infère. Dans ces espèces, cet ovaire se couronne au même niveau d'un double disque; l'un qui entoure la base du style est tout à fait épigyne et s'étale en dedans de la corolle, tandis que l'autre encadre entièrement son point d'insertion, sous forme d'un bourrelet circulaire très entier.

VII. Si donc il n'y a pas d'autre différence absolue entre une Santalacée et une Olacinée que l'ovaire supère ou infère, voici maintenant un genre, le *Jodina*, dont la cavité ovarienne occupe une position tout à fait intermédiaire. Fort déprimée et comme écrasée au fond de la fleur, de forme lenticulaire, cette cavité devient supère si l'on suppose que la paroi supérieure de l'ovaire s'accroît et s'élève en dôme; si, au contraire, c'était la paroi inférieure qui prît un semblable développement, l'insertion du périanthe et de l'androcée ne changeant point, l'ovaire paraîtrait entièrement logé au-dessous de toutes les autres parties de la fleur.

L'*Ilex ruscifolia* de Lamarck a été élevé au rang de genre par MM. Hooker et Arnott (1), sous le nom de *Jodina*, et placé

(1) *Botan. Miscellan.*, t. III, p. 171.

avec doute à la suite des Ilicinées (1); mais on admettait alors
que l'ovaire de ce genre était biloculaire, et que, dans l'angle
interne de ses loges, il y avait un ou deux ovules suspendus.
M. Miers a fort bien vu que l'organisation du gynécée était très
différente, et que le placenta était central et libre; car je lis
dans le travail de ce savant (*loc. cit.*, p. 29), que le genre *Jodina*,
rapporté à tort aux Ilicinées, doit rentrer dans la famille des
Olacacées.

Je crois que ce genre doit faire partie du groupe des Opiliées,
ses affinités le plaçant surtout à côté du *Cervantesia*, dont il a
tout à fait la fleur, ainsi que du *Cansjera*. Il ne diffère, en effet,
de ces genres que par le nombre d'ovules que supporte son placenta central, ce nombre étant ordinairement de trois, au lieu
d'un seul, comme dans les *Cansjera*, ou de deux, comme dans les
Cervantesia. Si nous analysons, en effet, les fleurs du *J. ruscifolia* H. et A., nous verrons que leur réceptacle a la forme d'une
coupe concave, sur les bords de laquelle sont insérés le périanthe
et l'androcée, tandis que l'ovaire, très surbaissé, en occupe le
centre, c'est-à-dire le fond. Le périanthe est formé de cinq pétales
libres, dont la préfloraison est valvaire. Dans leurs intervalles, une
lame glanduleuse, qui double la concavité du réceptacle, envoie
cinq processus du même tissu, qui sont, sans aucun doute, les
pétales oblongs et quelque peu charnus des auteurs. Les étamines,
en même nombre que les pétales auxquels elles sont superposées,
s'insèrent par leurs filets courts, dans les échancrures qui séparent les unes des autres ces languettes prolongées du disque
glanduleux; leurs anthères sont biloculaires, introrses et chargées
de poils courts dans leur portion supérieure.

L'ovaire a une portion de ses parois formée par la concavité
centrale du réceptacle. Quant à sa portion appendiculaire, elle
ferme à la façon d'un toit d'abord presque horizontal cette cavité
ovarienne peu profonde, puis elle se relève en un style qui est

____

(1) Endlicher, *Genera plantarum*, n. 5710.

creux et qui se dilate supérieurement en un petit entonnoir stigmatique obscurément trigone. Du fond de l'ovaire se dresse un placenta court qui supporte à son sommet les trois ovules.

VIII. Dans l'ordre considérable des Loranthacées, tel que nous l'envisageons, on pourra toujours, si l'on veut établir des coupes secondaires, avoir recours aux caractères qu'invoquent les auteurs pour séparer les unes des autres les Loranthacées proprement dites, les Santalacées, les Olacinées, etc. De la sorte, on ne considérera que comme des sous-ordres, ou des tribus, ces groupes admis jusqu'ici comme des familles distinctes, et souvent même placés bien loin les uns des autres dans les classifications. Il nous faudra, dans ce cas, rechercher sur quels caractères absolus on pourra fonder ces coupes secondaires; c'est ce que nous allons faire maintenant, en examinant successivement leur valeur individuelle.

1° *Le port et les organes de la végétation.* — Les botanistes contemporains n'accordent pas tous une égale valeur au premier de ces caractères; pour quelques-uns même, elle est à peu près nulle. Pour n'en citer ici que peu d'exemples, nous voyons, dans nos jardins botaniques, que, parmi les plantes monopétales, les plus rapprochées les unes des autres sont le *Collinsia*, le *Paulownia* et le *Rhodochiton*. Parmi les gymnospermes, les deux espèces les plus voisines sont le *Gingkho biloba* et l'*Ephedra distachya*. Il serait superflu de multiplier les faits analogues dont fourmillent nos classifications en vigueur. On en peut conclure, je pense, que, dans un très grand nombre de familles, les caractères tirés du port sont sans importance réelle; mais cette conclusion n'est guère adoptée, à ce qu'il semble, pour des plantes telles que les Loranthacées. Leurs feuilles lisses, à nervures plongées dans le parenchyme, à limbe épais et coriace; la consistance de leur écorce, son aspect, un ensemble de caractères plus faciles encore à reconnaître qu'à décrire, nous indiquent presque toujours, parmi les échantillons de nos herbiers, quels sont ceux qui appartiennent aux Loranthacées proprement dites, et cependant ces caractères n'ont pas une valeur absolue. On les retrouve chez un bon nombre d'*Exocarpos* et chez tous les *Henslowia*. Ces derniers ont tout à fait l'aspect de nos *Viscum* (1). Parmi les Olacinées, les *Pseudaleia* ne présentent, dans la texture de leurs rameaux, la consistance et l'apparence de leur écorce encore verte, lisse et finement plissée sur le sec, aucune différence avec ce qui nous paraît si particulier chez les *Loranthus*. De quelle importance absolue pourrait être d'ailleurs l'examen des organes de la végétation dans un groupe tel que celui des Santalacées, qui renferme à la fois les *Henslowia*, les *Nanodea* et les *Santalum*?

2° *Le parasitisme.* — Endlicher (2) a dit des Loranthacées : *habitu peculiari et vivendi ratione distinctissimæ.* Autrefois, en effet, on aurait cru pouvoir distinguer facilement par leur parasitisme, ces plantes des Santalacées; mais on sait aujourd'hui qu'un bon nombre de ces dernières sont également parasites. Alors même qu'elles ne s'implantent pas sur les tiges des arbres, comme la plupart des *Henslowia*, elles peuvent s'attacher à leurs racines, comme les *Thesium* et les *Osyris* de notre pays. Il serait intéressant de rechercher si l'*Henslowia heterantha* n'est pas parasite sur des tiges souterraines ou des racines, comme nous avons déjà dit que cela n'était pas impossible. Il en est peut-être de même d'un certain nombre d'Olacinées, et notamment de celles dont l'écorce et les rameaux ressemblent tant à ce que nous observons dans les *Viscum*, comme les *Pseudaleia*, par exemple.

Sans approfondir ici cette question si intéressante du parasitisme, qui demanderait une étude toute particulière, il est permis de faire remarquer que le nombre des Santalacées indigènes reconnues comme douées de ce mode d'existence, n'a fait que

---

(1) Une des plantes sur lesquelles Griffith a étudié l'embryogénie des Loranthacées et qu'il rapporte au genre *Viscum*, appartient probablement aux *Henslowia*.

(2) *Genera plantarum*, p. 800.

s'accroître dans ces dernières années; que probablement les espèces exotiques, si elles pouvaient être mieux étudiées, nous en fourniraient également chaque jour de nouveaux exemples; que déjà nous savons que les *Quinchamalium* sont parasites (1), et que l'existence de renflements radicellaires terminaux, chez les *Arjona*, semble prouver qu'ils s'implantent aussi sur les parties souterraines d'autres végétaux; qu'enfin l'insuccès constant des semis entrepris dans les serres avec les graines des Olacinées indique probablement qu'il en est de même de ces dernières. Mais quoique, en pareille matière, presque tout ce qui concerne les espèces exotiques soit encore hypothétique, quelques faits nous portent à penser que, pour plusieurs des plantes qui nous occupent, le parasitisme n'est nécessaire que pendant une première période de la vie, après quoi il arrive une époque où la plante se suffit à elle-même. Pour les *Exocarpos* et les *Santalum*, on ne peut rien conclure des premiers temps de la germination, car les jeunes pieds semés en pots, sans plante nourrice, prospèrent tout aussi bien, pendant plusieurs mois, que ceux qui ont été placés au voisinage d'autres plantes très diverses (2); mais si l'on admet qu'ensuite les Santals s'implantent, pour se nourrir, sur d'autres végétaux, il est difficile de croire qu'ils trouvent encore leur subsistance, dans leur vieillesse, sur les humbles plantes herbacées qui les entourent. Mais, pour ne nous occuper que des types indigènes, nous ne croyons pas que l'*Osyris alba* soit nécessairement parasite pendant toute sa vie. Le parasitisme à un certain âge serait démontré par ce fait que M. Planchon a vu les racines de l'*Osyris* adhérant, par leurs suçoirs, à d'autres végétaux. Nous avons cependant sous les yeux des pieds d'*Osyris* en pleine végétation, et qui semblent bien se nourrir par eux-mêmes. Ils sont plantés dans l'École de botanique du Muséum depuis quatre ans; ils ont été apportés de Montpellier avec plusieurs

(1) KUNZE, in *Bot. Zeitung*, 21 mai 1847.

(2) On peut avec raison dire à cela qu'aucune de ces plantes n'était propre à nourrir les Santals.

plantes herbacées sur lesquelles on les supposait implantés. On y ajouta quelques pieds de Jasmin, qui sont morts au commencement de l'été. Les plantes herbacées ont aussi totalement disparu. Or, les pieds d'*Osyris*, qui languissaient depuis trois ans, ont pris dès lors un fort beau développement, et se sont couverts de fleurs cet automne. Aujourd'hui encore leur santé semble parfaite.

3° *Le nombre des enveloppes florales.* — Si l'on s'en rapporte à la plupart des classificateurs, on peut distinguer les Olacinées des Santalacées en ce que le périanthe est double dans les premières, simple dans les secondes. Les Loranthacées seraient aussi monochlamydées. Nous avons assez dit que pour nous cette distinction n'existait pas. Un *Loranthus*, par exemple, possède une corolle, comme un *Olax*, et en dehors de cette corolle, il y a chez l'un comme chez l'autre, une cupule tout à fait pareille. Peu importe qu'on appelle la cupule calice dans l'*Olax* et bourrelet pédonculaire dans le *Loranthus* ; la différence des mots ne change pas les faits. Si la cupule n'est pas un calice dans le *Loranthus*, elle ne l'est pas davantage dans l'*Olax* où son origine est la même. D'autre part, on ne peut distinguer d'une manière absolue une Santalacée d'une Olacinée par ceci : que la corolle de la première n'est pas accompagnée en dehors d'une seconde enveloppe, quoi qu'on pense d'ailleurs de la nature de celle-ci; tandis que cette enveloppe existe dans les Olacinées. On sait combien elle est développée dans le *Buckleya;* on sait encore qu'elle existé, sous forme de bourrelet ou d'anneau, dans un grand nombre d'autres Santalacées et que, dans plusieurs d'entre elles, elle peut même se déchiqueter sur ses bords, de manière à simuler des folioles distinctes. De plus, il y a des Olacinées où le prétendu calice n'existe pas, ou n'est représenté que par un petit bourrelet à peine visible, comme il arrive si souvent dans les Santalacées proprement dites des auteurs. L'expansion pédonculaire qu'on désigne sous le nom de calice est tantôt nulle, tantôt bien accentuée dans les différentes espèces d'un même genre.

Cette question du périanthe simple ou double nous ramène à l'examen du *Cansjera* que nous avons analysé dans notre premier mémoire (1). Avec la plupart des botanistes, nous décrivions le périanthe de ce genre comme unique. « L'axe de chaque épi, » disions-nous, porte des bractées alternes, et dans l'aisselle des » bractées, on observe une fleur sessile dont le périanthe est simple. » Nous considérons cette enveloppe florale unique comme une » corolle monopétale, sans calice. » Depuis lors, MM. Bentham et Hooker (*loc. cit.*, 349) ont placé le *Cansjera* dans l'ordre des Olacinées, parce que son périanthe est double : « *Calycem a corolla* » *distinctum negant Decaisnius aliique, sed in floribus bene mace-* » *ratis calyx minimus dentibus seu angulis cum petalis alternan-* » *tibus facile separatur.* » Cette déclaration nous a forcé de revenir sur la fleur du *Cansjera*, dans laquelle nous n'avons, pas plus qu'autrefois, trouvé aucune trace de calice véritable. Nous répétons donc qu'il nous paraît impossible de placer dans deux familles distinctes le *Cansjera*, et le *Champereia* que les auteurs du nouveau *Genera* rejettent parmi les Santalacées.

Les *Myzodendron* seuls se distinguent des autres genres de ce groupe par l'absence totale du périanthe. Mais ce fait paraît sans valeur, puisque le seul verticille qui disparaisse réellement dans ce genre, c'est la corolle, et que les botanistes n'hésitent pas à réunir dans un même genre des plantes apétales et des plantes qui possèdent une corolle.

4° *La forme du réceptacle et l'insertion du périanthe.* — Ce que nous avons dit de ce caractère, au début de ce mémoire, nous dispense d'y revenir et suffit pour montrer que si les Santalacées peuvent être jusqu'à un certain point distinguées par leur ovaire infère des Olacinées, cette division n'est cependant qu'artificielle et souffre d'assez nombreuses exceptions. Les Loranthacées telles que les limitent les auteurs ont l'ovaire toujours infère. Mais comme on ne peut, selon nous, en séparer les *Anthobolus*, ce caractère cesse également ici d'être absolu.

(1) *Adansonia*, t. II, p. 368.

5° *La placentation*. — Nous croyons avoir démontré qu'il n'y a pas de différence importante entre l'ovaire presque complétement cloisonné d'un *Ximenia*, par exemple, et l'ovaire à loges peu profondes d'un *Olax* ou d'un *Myzodendron*. Mais il faut aller plus loin maintenant et nous demander si l'on peut séparer à juste titre, une plante à ovaire très incomplétement uniloculaire, d'une autre plante à cloisons ovariennes tout à fait nulles et complétement uniloculaire jusqu'à sa base. Nous devons encore répondre à cette question par la négative. Les *Opilia, Cansjera, Lepionurus*, etc., attribués aux Olacinées, ont un ovaire complétement uniloculaire jusqu'au bas, aussi bien que les *Champereia* rapportés aux Santalacées, les *Santalum* eux-mêmes et beaucoup de genres voisins de ces derniers. D'un autre côté, les *Quinchamalium* classés parmi les Santalacées (1), ont au fond de leur ovaire, trois cloisons incomplètes, souvent même assez élevées, d'après ce que nous avons dit. Or, quiconque voudra examiner sans prévention les espèces si intéressantes de *Thesium* dont MM. Jaubert et Spach (2), ont fait leur sous-genre *Chrysothesium*, et notamment le *T. aureum* de ces auteurs, se convaincra qu'à part l'absence de tout rudiment de cloison au fond de leur ovaire, ces espèces ressemblent tellement aux *Quinchamalium* par toutes les parties de la fleur, la structure de l'involucre et même par les plus petits détails du port et des organes de la végétation, qu'il devient extrêmement difficile de décider si les *Chrysothesium* doivent être reportés vers les *Thesium* plutôt que vers les *Quinchamalium*.

Que les cloisons manquent, ou qu'elles existent dans une hauteur variable, la placentation est donc toujours ici la même. Mais la direction des ovules portés par le placenta peut varier. Solitaires, ils sont ordinairement orthotropes et dressés, ou encore, d'après ce que nous avons vu, leur grand axe peut devenir plus

(1) M. Miers seul range les *Quinchamalium* parmi les Olacinées, et avec raison, selon nous, non pas pour les motifs invoqués par ce savant, mais parce que les Santalacées et les Olacinées sont en réalité inséparables les unes des autres.

(2) *Illustrationes plantarum orientalium*, t. 104, 300.

ou moins oblique, ou presque transversal, ou obliquement descendant. Cette dernière direction est celle qu'ils prennent ordinairement quand ils sont au nombre de deux à cinq ou six. Au fond, il importe peu, nous le savons. Quand l'ovule est dressé, le sac embryonnaire n'a qu'à s'allonger verticalement vers le haut de l'ovaire. A mesure que l'ovule incline davantage son sommet organique, le sac se coude au sortir du nucelle et son extrémité pointe encore vers la base du style. De là, sans doute, la grande uniformité qu'on remarque partout dans la direction de l'embryon. Partout celui-ci a sa radicule supère et ses cotélydons en bas. Mais il n'en est pas moins vrai qu'avant la fécondation, ce caractère de la direction absolue du grand axe de l'ovule et de son sommet peut offrir un moyen commode d'établir, dans le groupe des Loranthacées, quelques grandes coupes répondant aux familles diverses que nous réunissons sous ce nom. Nous l'emploierons donc en première ligne ; après lui, nous aurons recours à l'insertion relative du périanthe, traduite par la situation infère ou supère. Mais, nous ne saurions trop le répéter, nous ne considérons ces coupes que comme purement artificielles. Elles peuvent faciliter l'étude de cet ordre, mais elles ne répondent pas à la nature même des choses ; inconvénient que nous ne pouvons faire entièrement disparaître, mais que nous atténuerons en ayant recours au mode de classification parallèle qui va suivre.

LORANTHACÉES

(PLACENTATION CENTRALE)

divisées en quatre sous-ordres.

I. Ovules ascendants (LORANTHINÉES).

Ovaire infère ou adhérent.	Ovaire supère ou libre.
a. *Viscum.*	b. *Anthobolus.*

II. Ovules descendants (SANTALINÉES).

Ovaire infère ou adhérent.	Ovaire supère ou libre.
c. *Thesium.*	d. *Olax.*

IX. Ce cadre une fois tracé, on établira, dans chacune des quatre divisions qu'il comporte, un certain nombre de coupes secondaires, fondées sur des caractères dont la valeur est, à notre sens, relativement beaucoup moins considérable. Nous ne ferons, pour le moment, qu'indiquer ces subdivisions.

a. Ce sous-ordre, représenté, dans notre pays du moins, par le Gui, répond à peu près à la famille des Loranthacées des auteurs; il faut toutefois exclure de cette dernière les Myzodendrées que M. Agardh (1) a cru devoir élever au rang d'ordre, tandis que MM. Lindley, J. Hooker et Miers les rapprochent des *Loranthus*, à l'imitation de de Candolle.

On distingue tout d'abord, dans ce sous-ordre, deux types principaux bien distincts : l'un dont les *Loranthus* exotiques, à grande corolle bien développée et colorée, sont les premiers représentants; l'autre constitué par notre *Viscum*, avec un bourrelet pédonculaire peu considérable et un périanthe tout particulier, absent même peut-être dans la fleur mâle, dont les étamines, dans cette hypothèse, seraient nues; ce qui devra faire l'objet de recherches ultérieures.

b. Le sous-ordre des Anthobolées ne diffère essentiellement du précédent que par la situation de l'ovaire. L'organisation de son gynécée est d'ailleurs exactement la même; il doit comprendre également deux tribus : la première ayant pour type unique jusqu'ici l'*Exocarpos*, par lequel elle est reliée, d'une part, aux Santalacées, et, d'autre part, aux Loranthacées vraies, à cause de la légère adhérence de l'ovaire dans certaines espèces. La seconde tribu est constituée par l'*Anthobolus* lui-même, dont l'ovaire est totalement libre et dont la placentation est exactement celle des Guis.

c. Caractérisé par son ovaire infère, ce sous-ordre n'est séparé qu'artificiellement du suivant; c'est à lui que nous rapportons les *Myzodendron*, remarquables par leur absence complète de périanthe.

<hr>

(1) *Theoria systematis plantarum*, p. 236.

d. Celui-ci répond à peu près à la famille des Olacinées des auteurs actuels; il n'y a point d'autre moyen de distinction possible entre lui et le précédent que l'indépendance de l'ovaire. Nous pouvons donc établir entre les principaux types de l'un et de l'autre le parallélisme suivant :

OVAIRE SUPÈRE.	OVAIRE INFÈRE.
1. *Heisteria.*	1. *Schœpfia.*
2. *Cathedra.*	2. *Anacolosa.*
3. *Strombosia.*	3. *Lavallea.*
4. *Stolidia.*	4. *Henslowia.*
5. *Olax.*	5. *Liriosma.*
6. *Cervantesia.*	6. *Pyrularia*
7. *Opilia.*	7. *Thesium.*
8. *Lepionurus.*	8. *Santalum.*
etc.	etc.

X. Il est facile de voir par ce qui précède quelle sera la constitution générale de notre ordre des Loranthacées; mais il faut connaître, en outre, quels sont les types attribués par les botanistes aux familles dont nous le composons, et que nous sommes forcés d'en exclure. Nous dirons d'ailleurs quels sont pour nous les motifs de ces exclusions.

Nous n'avons pas eu l'occasion d'examiner les genres *Tropidopetalum* Turcz. et *Heterapilhmos* Turcz. (1), *Quilesia* Blanco (2), *Gonocaryum* Miq. (3), attribués à la famille des Olacinées, et qui peut-être doivent rentrer dans notre cadre.

Le genre *Endusa* Miers (4), qui ne nous est pas connu davantage, paraît offrir la plupart des caractères des *Ximenia*, sinon que ses loges ovariennes sont dites complètes.

Le *Rhytidandra* de M. A. Gray, rangé successivement par Walpers (5) parmi les Alangiées et les Olacinées, appartient

(1) *Bull. Soc. Mosc.* (1859), I, 265.
(2) *Flor. de Filipin.*, 176. — Lindley, *Bot. Reg.* (1839), app., 76. — Endl. *Gen.*, 1043. MM. J. Hooker et Bentham croient cette plante une Chaillétiacée.
(3) *Flor. ind.-bat.*, supp. I, 343.
(4) *Annals of nat. hist.*, sér. 2, VIII, 172.
(5) *Ann. bot. Syst em.*, IV, 352.

définitivement au premier de ces ordres pour MM. Hooker et Bentham (1), qui en font un synonyme du *Marlea*.

On a encore attribué aux Olacinées le *Tripetaleia* Sieb. et Zucc.; le *Bursinopetalum* Wight.; le *Balanites* Del., et le groupe entier des Icacinées, plus les genres *Pyrenacantha* Hook. et *Adelanthus* Endl. Nous allons successivement passer en revue ces différentes plantes, et montrer pourquoi nous ne pouvons les faire entrer dans notre cadre.

XI. Le *Tripetaleia paniculata* Sieb. et Zucc. a les fleurs hermaphrodites et régulières. Le calice est monosépale, membraneux, à cinq ou six dents inégales; la corolle est formée de six pétales dont la préfloraison est imbriquée ou contournée. Il y a à l'androcée six étamines alternes avec les divisions de la corolle; leurs filets s'insèrent sous l'ovaire; ils sont libres, aplatis, pétaloïdes, et parcourus suivant leur ligne médiane par un faisceau vasculaire. Les anthères sont biloculaires, introrses et déhiscentes par deux fentes longitudinales. Le gynécée est supère; il se compose d'un ovaire à trois loges, surmonté d'un style cylindrique et dressé dont l'extrémité stigmatifère se dilate un peu en forme de cône. L'ovaire contient, dans l'angle interne de chacune de ses loges, un gros placenta chargé de petits ovules anatropes nombreux. Ces fleurs sont disposées en grappes terminales; chacune d'elles est à l'aisselle d'une bractée et portée par un pédicelle grêle qui, vers son milieu, porte lui-même deux bractées latérales stériles. Ainsi constituée, cette plante ne saurait appartenir aux Olacinées. MM. Bentham et Hooker (*loc. cit.*) disent qu'elle leur paraît devoir être rapportée aux Éricinées. Ce rapprochement nous semble extrêmement heureux. Outre tous les caractères énumérés, le *Tripetaleia* présente encore celui-ci que ses lobes stigmatifères sont entourés d'un petit bourrelet circulaire, comme il arrive dans la plupart des Éricinées; ce genre se rapproche à

____

(1) *Genera plantarum*, I. 345.

la fois des *Ledum*, des *Befaria*, des *Elliottia* et autres genres
analogues.

XII. Le genre *Bursinopetalum* a été rapporté aux Olacinées par
M. Wight, qui l'a créé, ainsi que par M. Gardner. M. Miers, et
avec lui M. Bentham (1), en 1854, le rapprochèrent des *Villa-*
resia et des Ilicinées; mais cette opinion ne fut pas généralement
adoptée, si l'on s'en rapporte à M. Decaisne (2), car ce savant
botaniste écrivait en 1858 : « Personne ne conteste aujourd'hui
» les analogies du genre *Bursinopetalum* avec les Opiliées, du
» groupe des Olacinées, toutes fort éloignées des Ilicinées et des
» Celastrinées. » Voilà pourquoi nous devons rechercher les affinités de cette plante.

Pour admettre l'analogie du *Bursinopetalum* avec l'*Opilia*, il
ne nous paraît point suffisant que cette analogie ne soit con-
testée par personne, puisque sur une question scientifique tout le
monde peut se tromper à la fois; il vaut mieux s'en rapporter à
l'analyse de la plante dont on discute les affinités. Or, si l'on
s'appuie sur une analyse exacte, il est bien difficile tout d'abord
de reconnaître le moindre lien de parenté entre un *Opilia*, qui a
l'ovaire supère, le placenta central libre et dressé, les étamines
opposées aux pétales, etc., et un *Bursinopetalum*, dont l'ovaire
est infère, les étamines alternes avec les pétales et l'ovule suspendu près du sommet de la loge ovarienne.

Aussi M. Thwaites qui avait analysé à Ceylan les fleurs du
Bursinopetalum, en 1855 (3), avait dès lors contesté les analogies
que M. Decaisne admet encore sans réserves en 1858. M. Thwaites
a conclu de ses analyses qu'il serait plus naturel d'associer le
Bursinopetalum aux Araliacées et cette opinion nous paraît pré-
férable à celle de M. Decaisne; car nous pensons que c'est auprès
des *Cuphocarpus* que ce genre doit trouver sa place.

(1) In *Hooker's Journal* (1854), 372.
(2) In *Ann. des sciences naturelles*, sér. 4, t. IX, p. 279.
(3) *Note on* Bursinopetalum, in *Hooker's Journal* (1855), VII, 242.

Les *Bursinopetalum* ont un périanthe supère, composé d'un calice gamosépale épais et assez court, à cinq dents de longueur variable, suivant les espèces, et d'une corolle de cinq pétales épigynes, alternes avec les dents du calice, épais, entiers et disposés dans le bouton en préfloraison valvaire. Le sommet des pétales rentre dans l'intérieur du bouton et pend à la façon d'une clef de voûte; de plus, la face interne de chacun d'eux présente une crête médiane saillante, et forme ainsi une séparation entre les deux fosses qui répondent aux moitiés du limbe et qui logent chacune une demi-anthère. Les étamines sont également épigynes et alternes avec les pétales. Elles se composent d'un filet libre et d'une anthère biloculaire et introrse. Le filet s'atténue à son sommet et vient s'insérer au fond d'une fossette dont est creusée la base du connectif. L'anthère est épaisse, logée dans la concavité correspondante que lui forment deux demi-pétales, et ses loges s'ouvrent par des fentes longitudinales. L'ovaire est infère, uniloculaire, à parois épaisses et coriaces. Il est surmonté d'un style trapu en forme de cône ou de pyramide, dont le sommet un peu élargi et presque entier, se recouvre de papilles stigmatiques. Au centre du renflement stigmatique se trouve une dépression ombiliquée qui pénètre plus ou moins profondément dans le style. La base de celui-ci, au point où elle se confond avec le sommet de l'ovaire, se gonfle en un disque glanduleux et charnu à dix lobes peu prononcés. Dans la loge ovarienne, on n'observe qu'un ovule. Il est suspendu non loin du sommet, mais son insertion est excentrique. Elle se rapproche d'un des sépales auquel se trouve superposé le raphé de l'ovule. Ce raphé descend contre la paroi de l'ovaire, tandis que le micropyle supère se trouve à peu près sur l'axe de la cavité ovarienne.

A ces caractères de la fleur des *Bursinopetalum*, il est facile de voir qu'un autre botaniste que M. Thwaites a depuis longtemps contesté les analogies dont parle M. Decaisne. C'est M. Blume, qui place parmi les Nyssacées (1) le genre *Mastixia* établi par lui

(1) *Mus. Lugdun. Batav.*, I, 256.

en 1825 (1), et qu'il avait d'abord considéré comme allié aux Cornées; opinion partagée par De Candolle (2) et par Endlicher (3). Or, il n'y a aucune différence générique entre le *Mastixia* et le *Bursinopetalum*, dont le nom devra être supprimé. Nous ne savons si MM. Bentham et J. Hooker ont reconnu cette identité des deux genres, mais ces savants pensent également que le *Bursinopetalum* doit prendre place parmi les Cornées, à cause de son ovaire tout à fait infère.

Il y a donc encore à l'heure qu'il est des botanistes qui, quoi qu'en dise M. Decaisne, contestent les analogies du *Bursinopetalum* avec les Opiliées. Il y en a en Angleterre, puisque, parmi les derniers qui aient étudié le *Bursinopetalum*, les uns, comme M. Bentham, en font une Cornée, les autres, comme M. Thwaites, une Araliacée. Il y en a même un en France qui partage l'opinion de M. Thwaites, et qui range ce genre parmi les Araliacées : c'est M. Decaisne. Dans l'*Esquisse d'une monographie des Araliacées* (4), que ce savant a publiée en collaboration avec M. Planchon, se trouve l'*Arthrophyllum* (5) de M. Blume, que ces auteurs considèrent comme « un des genres les mieux caractérisés de la famille, à cause de son fruit monosperme.... » Or, pour quiconque voudra analyser comparativement les fleurs de l'*Arthrophyllum* et celles du *Bursinopetalum*, le premier de ces genres, avec son calice supère et gamosépale à cinq dents, sa corolle valvaire à pétales épais parcourus sur la ligne médiane de leur face interne par une crête saillante, par ses anthères introrses, arquées et ses filets staminaux libres, son style trapu et son ovaire uniloculaire renfermant un ovule inséré près du sommet et anatrope, avec le raphé contre le placenta et le micropyle supère plus rapproché de l'axe de la fleur, le premier de ces genres, dis-je, sera

(1) *Bijdrajen*, 654.
(2) *Prodromus*, IV, 275.
(3) *Genera*, p. 799, n. 4578.
(4) In *Revue horticole*, 4ᵉ sér., vol. III (1854), 109, et *Bull. Soc. bot.*, 1, 196.
(5) *Bijdrajen*, 878. — DC., *Prodr.*, 266. — Meisn., *Gen.*, 152 (109). — Endl. *Gen.*, n. 4562 (*Araliacea*).

reconnu comme ayant exactement toute l'organisation florale de l'autre. Nous les réunirons donc tous deux sous le nom de *Mastixia*, qui est le plus ancien, sans nous arrêter à ce fait que plusieurs espèces d'*Arthrophyllum* ont les feuilles composées, car il nous paraît sans importance, et pourra toutefois, si l'on veut, servir à caractériser une section dans le genre *Mastixia* (1).

Il nous reste à déterminer la place du *Mastixia* dans la série végétale, et nous pensons qu'il doit être rangé parmi les Araliacées, et non parmi les Cornées, comme le veulent MM. Bentham et Hooker. Il est vrai que les Cornées et les Araliacées sont unies les unes aux autres par des liens très intimes, ce qui tient à leur parenté commune avec les Ombellifères ; mais lorsqu'on cherche à les distinguer les unes des autres, on trouve un caractère différentiel qui seul jusqu'ici n'a pas fait défaut : c'est que l'ovule étant suspendu dans les deux familles, le raphé est dorsal dans les Cornées et situé du côté du placenta dans les Araliacées. Or, cette dernière situation du raphé est celle que nous observions chez les *Mastixia* ou *Bursinopetalum*. La réduction de l'ovaire à une seule loge est un fait remarquable dans ce genre; mais il faut bien noter que nous rencontrons également ce phénomène d'amoindrissement dans les plantes de la série à raphé dorsal, chez les *Aucuba* par exemple, qui, de plus, ont les fleurs diclines.

XIII. On a encore attribué aux Olacinées un genre dont les affinités ont été fort controversées, c'est le *Balanites*. Une grande ressemblance dans les caractères extérieurs de la fleur a fait autre-

(1) Outre les espèces rapportées ici au genre *Arthrophyllum* par les botanistes qui ont écrit sur la flore de l'archipel Malayen, nous avons sous les yeux les espèces suivantes de *Mastixia* :

1. *M. Gardneriana* == *Bursinopetalum Gardnerianum* R. W. (THWAITES, n. 637).

2. *M. trichotoma* BL. (herb. lugd.-bat.).

3. *M. Thwaitesii* == *Bursinopetalum* THW., mss. (exs., n. 2440).

4. *M. pentandra* BL. (herb. lugd.-bat.).

5. *M. lanceolata* (THWAITES, n. 2441).

fois confondre ce genre avec le *Ximenia*, et de là sans doute l'opinion qui rapproche le *Balanites* des Olacinées (1). MM. Richard et Perrottet (2) ont cru devoir complétement le faire rentrer dans cette famille. De Candolle (3) l'en avait éloigné pour le placer, quoique avec doute, à la suite des Zygophyllées. M. Lindley (4) en fait, mais avec un signe d'incertitude, une Amyridée de sa tribu des Burséridées. M. Planchon (5) pense que ce genre, dont l'affinité est extrêmement obscure, ne saurait être beaucoup éloigné des Méliacées, les fleurs ressemblant à celles des *Soymida*, mais le fruit étant extrêmement différent. MM. Bentham et J. Hooker (*loc. cit.*, 314, 345) viennent de rapporter le *Balanites* aux Simarubées; M. Ad. Brongniart (6) en avait fait une Ximéniée.

Il n'est pas étonnant que le *Balanites* puisse facilement entrer dans une famille composée d'éléments aussi hétérogènes que celle des Simarubées de MM. Bentham et Hooker, famille qui renferme à la fois le *Quassia*, le *Cneorum* et le *Picramnia*. L'union de cette dernière plante avec les *Simaruba*, proposée par M. Planchon, a suffisamment été jugée par M. Tulasne dans ses descriptions de plantes nouvelles de la Colombie (7). Il y a beaucoup de Zygophyllées qu'on pourrait aisément faire entrer dans l'ordre des Simarubées, aux mêmes conditions que le *Picramnia*, et plus facilement encore, puisqu'on accorde une grande importance à la présence des appendices pétaloïdes qu'on observe chez la plupart de ces plantes, à la base des étamines. Je trouve tout à fait raisonnable ce qu'a dit M. Planchon de l'affinité des Méliacées et du *Balanites*, d'autant plus que, dans ce dernier, le micropyle est exté-

---

(1) Endlicher, *Genera*, n. 5498 : « Genus Olacineis affine. »
(2) *Floræ Senegambiæ tentamen*, 1, 103.
(3) *Prodromus*, 1, 708.
(4) *Vegetable Kingdom* (1847), 460.
(5) In *Ann. des sciences naturelles*, sér. 4, II, 258.
(6) *Énumération des genres de plantes cultivés au Muséum* (1843), 86.
(7) In *Ann. des sciences naturelles*, sér. 3, VII, 257 : « *Picramnia* genus *Simarubaceis* nuper, necessitudine parum vereor naturæ consentanea accepta, a cl. *Planchon* consociatum. »

rieur et supère, de même que dans les Méliacées et Trichiliées, quand le nombre des ovules y est déterminé. Il est très vrai que les drupes du *Balanites*, avec leur graine sans albumen, ne ressemblent guère à la plupart des fruits des Cédrélacées; mais il n'y a pas entre les unes et les autres plus de différence qu'entre une Pomme, une Cerise et un fruit de Benoîte, toutes plantes dont la parenté est incontestable.

XIV. Les Icacinées n'appartiennent pas, selon nous, au groupe des Olacinées, et doivent être par conséquent séparées des plantes qui font l'objet de ce mémoire. Nous ne les examinerons donc ici que d'une manière fort secondaire. A peu près ignorées avant 1822, les Icacinées sont devenues actuellement fort nombreuses, et l'on y a compté de nos jours jusqu'à trente genres différents. Il en résulte que, pour être bien connues, ces plantes exigent une étude spéciale. M. Miers (1) a entrepris récemment cette étude avec beaucoup de soin et de talent; de sorte que nous renvoyons à son travail pour tous les détails que comporte cette question.

Selon MM. Bentham et Hooker (*loc. cit.*, 344, 350), les Icacinées forment une tribu de l'ordre des Olacinées. Selon nous, au contraire, ces deux groupes ne peuvent en aucune façon être réunis dans une même famille. Nous pensons que les Icacinées n'ont pas le même périanthe que les Olacinées; nous voyons leurs étamines alternipétales et non oppositipétales, comme celles des Olacinées; nous croyons enfin la structure du gynécée tout à fait différente. Nous préférons de beaucoup la manière de voir de M. Miers, qui dit (*loc. cit.*, 48) : «*The affinity of* Icacinaceæ *is » evidently nearest to the* Aquifoliaceæ *and* Celastraceæ.» Et nous considérons les Icacinées comme faisant partie de la famille des

______

(1) Les recherches de M. Miers, dont nous avons déjà parlé dans notre précédent mémoire, ont été insérées d'abord dans les *Annals of nat. History*, puis, comme nous l'avons dit, reproduites sous le titre de *Contributions to Botany*. Ce qui est relatif aux Icacinées et à leurs affinités se trouve à la page 48 de ce dernier recueil.

Ilicinées, sans qu'il soit même facile de les y ranger dans une section bien distincte. C'est ce que nous essayerons maintenant de démontrer par des faits.

Le genre *Pennantia* de Forster, que presque tous les botanistes s'accordent actuellement à ranger parmi les Icacinées, a été considéré par M. Agardh (1) comme le type d'un ordre distinct. Cet ordre des Pennantiées est rapproché par ce savant des Célastrinées, des Ilicinées et des Putranjivées. « Pennantieæ *sunt for-* » *san* Celastrineis *proxime collaterales, formam inter* Putranjiveas » *et* Ilicineas *intermediam formantes* ». Quant aux Putranjivées, nous croyons avoir démontré qu'elles doivent se rapprocher des Phyllanthées. Il nous reste à comparer le *Pennantia* aux Ilicinées, ce qui nous dispensera de faire la même comparaison avec les Célastrinées, qui sont à peu près inséparables des Ilicinées.

Les fleurs des *Pennantia* sont polygames. Leur calice, fort petit, est à cinq dents peu prononcées. Ses pétales, au nombre de cinq, alternes avec les dents du calice, sont libres, hypogynes et valvaires dans la préfloraison. L'androcée est formé de cinq étamines hypogynes, alternes avec les pétales, à filets libres et à anthères biloculaires, introrses, déhiscentes par deux fentes longitudinales. Le gynécée, quand il est stérile, n'est représenté que par un petit cône supère, sans cavité ; mais fertile, il se compose d'un ovaire à trois loges dont deux avortent de bonne heure et disparaissent. Le style qui surmonte l'ovaire se partage en trois branches ou lobes de taille très variable, dont le sommet est intérieurement chargé de tissu stigmatique. Dans l'angle interne de la loge fertile, on observe un ovule suspendu, dont le raphé est extérieur, dont le micropyle regarde en haut et en dedans. Le fruit du *Pennantia* est une drupe monosperme, dont la graine renferme, sous ses téguments, un petit embryon entouré d'un albumen charnu épais. Les feuilles sont alternes et les fleurs disposées en cymes terminales composées.

(1) *Theoria systematis plantarum*, 301.

Si maintenant nous choisissons, parmi les Ilicinées, l'*Ilex canadensis* de Michaux (1), dont Rafinesque a fait le type de son genre *Nemopanthus* (2), nous verrons que ses fleurs sont, comme celles du *Pennantia*, polygames. Leur calice est aussi à quatre ou cinq petites dents, leur corolle à quatre ou cinq pétales alternes, leur androcée à quatre ou cinq étamines libres et introrses. Quant à leur ovaire, qui est supère, il renferme trois loges uniovulées, que surmonte un style court à trois lobes stigmatifères. Dans l'angle interne de chaque loge, il y a un ovule suspendu, avec le micropyle intérieur, et le fruit est une drupe monosperme dont la graine contient, dans un albumen charnu abondant, un petit embryon à radicule supère. C'est encore une plante à feuilles alternes et dont les fleurs axillaires sont disposées en une cyme pauciflore longuement pédonculée. A part donc les différences qu'offrent le port, l'inflorescence, la forme du style et des étamines, le *Nemopanthus* et le *Pennantia* ne se distinguent l'un de l'autre que par ceci : que deux des loges ovariennes du dernier avortent, tandis qu'elles sont toutes fertiles dans le premier. Mais le *Pennantia* peut accidentellement posséder deux loges fertiles et ovulées (3), en même temps que l'ovaire du *Nemopanthus* peut contenir cinq, quatre, ou même seulement deux loges ; ce qui atténue encore beaucoup la différence dont il vient d'être question.

Pour ces motifs, nous réunirons aux Ilicinées le *Pennantia*, avec lequel nous ferons forcément entrer dans cet ordre le *Villaresia* de Ruiz et Pavon. Cette plante ne diffère en effet du *Pennantia* que par quelques caractères de peu de valeur. Son calice est formé de cinq sépales unis par leur base et disposés en préfloraison quinconciale. Ses pétales sont également imbriqués dans le bouton. Les cinq étamines alternes aux pétales ont leurs filets libres entre eux, et leurs anthères biloculaires et introrses. L'ovaire est supère, uniloculaire, et dans sa partie supérieure sont suspen-

---

(1) *Flora boreal.-americ.*, t. 49.

(2) Endlicher écrit (*Gen.*, n. 5707) *Nemopanthes*. Rafinesque écrivait *Nemopanthus*.

(3) Fait que M. Miers (*l. c.*, 27) a constaté quelquefois dans le *Villaresia*.

dus dèux ovules collatéraux, dont le micropyle est tourné du côté du placenta. Le style est épais, court et coiffe directement le sommet de l'ovaire de deux lobes stigmatifères déprimés (1).

La taille du calice constitue d'ailleurs une différence appréciable entre le *Pennantia* et le *Villaresia*, car cet organe, peu développé dans le premier, devient assez considérable chez le dernier. Sous ce rapport, l'*Icacina* constitue un intermédiaire entre les deux genres. Si nous examinons, par exemple, le prototype du genre, l'*I. senegalensis* A. Juss. (2), nous lui trouverons un calyce gamosépale de moyenne taille, à cinq divisions aiguës, chargées de poils. La corolle, bien plus longue que le calice, est formée de cinq pétales libres et valvaires, chargés de poils en dehors comme en dedans. Les étamines, au nombre de cinq, alternes avec les pétales, ont un filet aplati à sa base, puis atténué supérieurement, et une anthère d'abord introrse, attachée par le milieu du connectif, puis oscillante sur le filet après l'anthèse. A la base de l'ovaire, il y a un petit disque hypogyne peu développé, à cinq échancrures qui répondent aux filets staminaux. Le gynécée est supère. Son ovaire conique porte à son sommet un long style qui est réfléchi sur lui-même dans le bouton, et dont le sommet renflé est chargé de papilles stigmatiques. A partir de ce renflement stigmatique, jusqu'à la base de l'ovaire, toute la hauteur du gynécée est parcourue par un sillon vertical qui répond au placenta. De chaque côté de ce sillon, au niveau de la base du style, on aperçoit, avec quelque attention, une petite saillie obtuse qui se cache dans les poils dont la surface extérieure de l'ovaire est chargée. Ces deux petites cornes saillantes, dont le développement devient si considérable chez plusieurs Icacinées, représentent les deux lobes du style qui répondraient aux loges ovariennes avortées. Au-dessous d'elles, dans l'intérieur de l'ovaire,

(1) Voy., au sujet du genre *Villaresia*, le récent mémoire de M. Miers, dans les *Annals and Magazine of natural History* (février 1862, p. 107-117).

(2) In *Mémoires de la Société d'hist. nat. de Paris*, IV, 174, t. 9.

on trouve deux ovules collatéraux suspendus, à raphé dorsal et à micropyle situé sous le hile.

Malgré sa grande analogie avec le *Pennantia* et le *Villaresia*, l'*Icacina* peut donc se distinguer génériquement du premier par la présence de deux ovules dans son ovaire et le plus grand développement de son calice ; du second par l'imbrication de son périanthe et le grand allongement de son style. Mais il ne nous paraît plus aussi facile de le séparer, d'une manière précise, de quelques autres types génériques dont la multiplication a été poussée si loin dans ce petit groupe naturel. Tel est, par exemple, le *Mappia* de Jacquin (1), auquel il semble qu'on rapporte avec beaucoup de raison le *Stemonurus fœtidus* WIGHT (2). Dans cette plante, le calice est gamosépale, à cinq dents bien marquées. La corolle est formée de cinq longs pétales valvaires présentant sur le milieu de leur face interne une petite crête longitudinale aboutissant à une clef pendante formée en haut du bouton par les sommets réunis des cinq pétales. Les pétales sont intérieurement chargés de longs poils. Les étamines, hypogynes, libres, alternes avec les pétales, ont des filets aplatis qui s'accolent aux deux pétales voisins et les unissent l'un à l'autre, sans soudure véritable, et des anthères biloculaires, introrses et déhiscentes par deux fentes longitudinales. A la base de l'ovaire, il y a un disque hypogyne à cinq languettes aplaties, hérissées de poils. Le gynécée se compose d'un ovaire uniloculaire, d'un style étroit et réfléchi, à tête dilatée et stigmatifère. Cette tête est partagée en deux lobes latéraux, par l'extrémité supérieure d'un sillon longitudinal qui règne dans toute la hauteur du pistil et qui est en face d'un pétale. D'ailleurs l'ovaire uniloculaire renferme deux ovules collatéraux, suspendus, à raphé dorsal, et le style, comme celui de l'*Icacina*, s'infléchit dans le bouton, parce que son extrémité y demeure accrochée par la clef de voûte saillante formée par les pétales et dont il a été question un peu plus haut.

(1) *Plant. rar. hort. Schœnbrun.*, 1, 22, t. 47 (1797).
(2) *Icon. ind.*, t. 955.

A tous ces caractères, il est facile de voir que les *Icacina* et le *Mappia fœtida* sont congénères. Le dernier présente, il est vrai, cette différence que son mésocarpe est plus épais que celui de l'*Icacina*, et l'on pourra, pour cette raison, conserver celui-ci à titre de section dans le genre *Mappia* ; mais le nom d'Icacinées devra probablement être supprimé, puisqu'il appartient à un genre sans valeur. On pourra lui substituer celui de Pennantiées, qui se trouve déjà tout fait.

Le prototype du genre *Mappia* est, comme on sait, le *M. racemosa* de Jacquin, qui est l'*Icacina dubia* de Mac Fayden. Dans cette plante le calice a également la forme d'une cupule courte à cinq dents et l'ovaire est entouré à sa base d'un disque à cinq petits lobes saillants dans l'intervalle des étamines. Mais le style est relativement un peu plus court que dans les espèces précédemment examinées. MM. Bentham et Hooker rapportent encore avec raison au genre *Mappia*, le *Leretia* VELLOZ. (1). Mais nous ne comprenons pas pourquoi les mêmes auteurs n'admettent pas dans ce genre le *Nothapodytes montana* BL. (2), que M. Miers y avait fait entrer. Cette plante, que nous avons analysée, nous a présenté tous les caractères des *Mappia*, notamment un disque hypogyne cupuliforme à cinq petits lobes peu marqués.

Ce dernier caractère est, en effet, le seul de ceux qu'on attribue aux *Mappia*, qui ne se retrouve pas constamment chez les *Apodytes*; non pas qu'il y manque toujours, car les *Raphiostylis*, réintégrés à bon droit parmi les *Apodytes*, ont la base de leur ovaire épaissie en un véritable disque qui loge, dans chacun de ses cinq sillons, la base d'un filet staminal; et cependant le *R. Heudelotii* PLANCH. (3) est complétement inséparable, par tous ses autres caractères, de l'*Apodytes acutifolia* HOCHST., qui ne peut lui-même s'éloigner de l'*A. dimidiata* E. MEY., comme le dé-

(1) *Flora flumin.*, III, t. 2. — BENTH., in *Linn. Transact.*, XVIII, 680. — MIERS, *Contrib.*, 61,227.
(2) *Mus. Lugd. Bat.*, I, 248.
(3) *Flora Niger*, 259.

montre l'analyse directe de toutes ces espèces. L'*A. acutifolia* présente à un haut degré ce caractère du style creusé d'un profond sillon, à lèvres dilatées inférieurement, qui est si remarquable dans le *R. Heudelotii*. Ce sillon est beaucoup moins marqué sur le style excentrique de l'*A. dimidiata;* mais tous les autres organes sont semblables. L'inflorescence du *Raphiostylis* est un peu différente; ses sépales, plus développés, peuvent se rejoindre et même s'imbriquer en quinconce dans le bouton. Par ces quelques signes, on pourra limiter une section, sans pouvoir justifier une séparation de genres. Mais comme, d'autre part, par l'intermédiaire du disque hypogyne peu développé du *Raphiostylis*, on ne peut séparer les *Apodytes* des *Nothapodytes*, ou des *Mappia*, nous sommes contraint de faire entrer tous ces types dans l'ancien genre *Mappia* de Jacquin, qui déjà, pour nous, contiendra de la sorte quatre sections : 1° *Eumappia*, 2° *Raphiostylis*, 3° *Apodytes*, 4° *Icacina*. Or, de l'une à l'autre de ces sections, la transition se fait d'une manière à peu près insensible.

Si les idées qui viennent d'être émises étaient acceptées, il en résulterait une énorme réduction dans le nombre des genres dont est formé le groupe des Icacinées. Nous allons cependant plus loin encore, et nous pensons que lorsqu'on songera à réagir contre l'effrayante multiplication des types génériques et spécifiques dont la botanique est, à cette heure, menacée, le *Poraqueiba* (1) d'Aublet cessera également d'être regardé comme génériquement distinct des *Mappia* et des *Icacina*. Si l'on compare, en effet, un *Poraqueiba* à un *Raphiostylis*, on ne verra d'autre différence entre ces deux plantes que la plus grande longueur du style chez la dernière; d'ailleurs le calice du *Poraqueiba* est légèrement gamosépale, à cinq divisions quinconciales, comme celui du *Raphiostylis;* les sépales sont valvaires, et la crête saillante qu'on observe sur le milieu de leur face intérieure existe, quoique à des degrés divers de développement, chez toutes

(1) *Plant. Guian.*, 123, t. 47 (1775).

les Icacinées dont il vient d'être question. Les étamines ont même insertion, mêmes filets aplatis à la base, mêmes anthères en apparence quadriloculaires. La base de l'ovaire ne présente pas, il est vrai, de renflement glanduleux; mais ce caractère n'a point une grande importance, puisque ce renflement ne se produit pas non plus chez les *Apodytes* proprement dits, qui ne peuvent être génériquement séparés des *Raphiostylis*. Le fruit du *Poraqueiba* n'offre pas non plus de différence suffisante pour empêcher la fusion dont il vient d'être question. Si donc elle était adoptée, le nom de *Poraqueiba* ayant sur tous les autres l'antériorité, deviendrait applicable et au genre et à la tribu désignée jusqu'ici sous le nom d'Icacinées.

Or, les réductions que nous croyons sage d'apporter dans le nombre des genres de cette tribu ne nous paraissent pas se borner à ceux que nous venons de passer en revue. Quelques autres encore nous semblent peu dignes d'être séparés les uns des autres; mais l'examen de ces derniers nous entraînerait trop loin, dans un travail sur un ordre dont les Icacinées doivent précisément être exclues. C'est ailleurs, par conséquent, que nous reviendrons avec plus de détails sur les modifications proposées.

C'est par des plantes telles que les Icacinées que les Olacinées, auxquelles on les joignait, pouvaient affecter des relations intimes avec les Ilicinées. Le périanthe et l'androcée sont tout à fait analogues dans les Ilicinées et les Icacinées. Les ovules sont suspendus de part et d'autre, avec le raphé extérieur et le micropyle tourné en haut et en dedans. La grande différence réside dans l'ovaire, qui est réduit à une loge dans la plupart des Icacinées. Il n'y a guère de famille où l'on n'observe cette réduction. Les Antidesmées la présentent, et ne peuvent cependant être séparées pour ce motif des Euphorbiacées proprement dites, parmi lesquelles le *Macaranga* et l'*Eremocarpus* offrent aussi la même particularité. Parmi les plantes à ovaire infère, l'*Hippuris* et le *Marlea* ne diffèrent guère des genres dont ils sont inséparables, que par leur ovaire, réduit également à une loge. Dans l'ordre des Rhamnées, nous avons vu (1) que le genre *Condalia* se caractérisait par un ovaire formé d'une seule feuille carpellaire, que la cloison qu'on y observait était une fausse cloison, et nous avons, dès lors, fait entrevoir que, parmi les Olacinées, on observait la même organisation dans quelques types Nous avions alors en vue les Icacinées, dont le *Condalia* diffère et par la situation de ses étamines et par la direction de ses ovules.

C'est encore par suite d'avortements analogues que les Anacardiées ne possèdent qu'un ovaire uniloculaire. Dans les *Spondias*, type le plus parfait que nous connaissions des Térébinthacées, le gynécée est pentamère, comme les autres verticilles floraux. Dans les *Rhus*, il devrait être trimère ; mais on sait que deux des loges avortent dans ce genre, ce qu'indique l'existence de trois styles au sommet de l'ovaire. Dans les Icacinées aussi, on retrouve un indice des loges stériles dans la plupart des genres ; mais ces cornes stylaires ne sont jamais aussi développées que dans certaines Anacardiées.

Mais il est peut-être trop absolu de dire, comme l'ont fait MM. Bentham et Hooker (*loc. cit.*, 356), que les Ilicinées ne se distinguent des Olacinées que par leur ovaire à deux ou plusieurs loges, car l'*Emmotum*, qui paraît inséparable des autres Icacinées, a un ovaire à trois loges complètes ; elles diffèrent de celles des Ilicinées, non par leur nombre, mais par leur situation excentrique. M. Miers semble avoir reconnu l'existence primitive de cinq loges dans leur ovaire, car ses dessins représentent, outre trois loges fertiles, deux très petites cavités stériles. Ce fait, que nous n'avons pu toutefois constater, est rendu vraisemblable par ce qui arrive chez le *Pennantia* et le *Villaresia*. Mais il n'en est pas moins singulier que le périanthe et l'androcée soient d'une si grande régularité, et que le pistil paraisse à peu près symétrique au dehors, sauf une légère excentricité de l'insertion du style, tandis qu'à l'intérieur les loges n'occupent qu'un de ses côtés.

(1) *Adansonia*, II, 257.

Dans les fleurs de l'*E. acuminatum* Miers (*Pogopetalum acuminatum* Benth.), le calice a la forme d'une petite cupule découpée sur ses bords en cinq dents assez épaisses, qui probablement ne se recouvrent jamais. Les pétales, alternes avec les dents du calice et beaucoup plus longs que lui, sont libres jusqu'à la base, valvaires dans le bouton et chargés de poils abondants sur toute leur face intérieure. Lors de l'épanouissement des fleurs, l'extrémité supérieure des pétales se réfléchit en dehors, et ils tombent d'assez bonne heure, tandis que le calice persiste autour de la base de l'ovaire. Les étamines sont au nombre de cinq, alternes avec les pétales, analogues à celles du *Poraqueiba*, mais à anthères beaucoup plus minces, semblables, après leur déhiscence, à une membrane blanchâtre aplatie. Dans chacune des trois loges de l'ovaire, il y a deux ovules collatéraux suspendus, avec raphé dorsal et micropyle intérieur. Dans quelques fleurs, il n'y a que deux loges biovulées. Le style est à peine renflé à son sommet, et n'y présente qu'une surface stigmatique très peu considérable. Les poils qui s'observent sur la surface intérieure des pétales ne naissent, en réalité, que d'une saillie en forme de nervure médiane, qui parcourt toute la longueur du pétale. Il en résulte, à droite et à gauche de cette côte, deux sillons profonds dans lesquels se logent les anthères, et comme les poils du pétale reviennent sur la face interne de ces anthères, ils les cachent et les enclosent complétement dans le bouton. Il paraîtra difficile de décider si les anthères sont plutôt introrses qu'extrorses dans cette plante; il est vrai que la ligne marginale de déhiscence se porte un peu plus en dedans qu'en dehors. Mais le connectif brunâtre qui unit les loges, sans être aussi saillant en dedans qu'en dehors, s'y voit cependant sous forme d'une surface ovalaire, étroite et allongée, et c'est, en réalité, sur cette surface intérieure que s'insère le sommet du filet dont l'extrémité se réfléchit dans ce but quelque peu en dehors.

L'exemple de l'*Emmotum* prouve donc que les Icacinées peuvent avoir un ovaire pluriloculaire, comme les véritables Ilicinées;

mais, de plus, l'analyse qui précède dévoile de bien grandes analogies entre les fleurs de l'*Emmotum* et celles de certaines Épacridées, telles que le *Leucopogon*, analogies qu'il n'y a pas lieu de discuter en ce moment.

XV. L'exposition des caractères généraux que nous attribuons à notre ordre des Loranthacées, et l'énumération motivée des genres que nous en excluons, font nettement connaître ses limites. Nous pouvons donc en rechercher maintenant les affinités, et il est certain d'avance que celles-ci seront multiples.

Par les genres à ovaire infère et à loges presque complètes, cet ordre se rattache aux Cornées et aux familles voisines. Par les types à ovaire cloisonné également d'une manière incomplète, mais libre et supère, il se rapproche forcément des Ilicinées.

Nous avons déjà indiqué un rapport positif entre les genres à ovule unique, dressé sur un placenta central et réduit au nucelle, avec les Gymnospermes dont l'organisation ovulaire et le mode de placentation sont identiques. Nous n'y reviendrons pas.

En même temps, la corolle est monopétale dans un certain nombre de nos Loranthacées qui, par là, se rattachent à celles des familles classées dans la monopétalie, dont les traits principaux d'organisation appartiennent aux Cornées, c'est-à-dire à certaines Caprifoliacées et Rubiacées.

Mais parmi ces mêmes familles monopétales, celles dont la parenté avec le groupe que nous étudions doit être le plus intime appartiennent au type des Primulacées, Myrsinées, etc., dont le périanthe est tantôt supère, tantôt infère, dont la placentation est centrale-libre, et dont les étamines sont, en général, oppositipétales.

Nous examinerons donc, au point de vue de ces affinités, les différents ordres indiqués ci-dessus, en commençant par les Cornées.

Il faut d'abord comparer les *Schœpfia*, et principalement une des espèces de ce genre dont l'ovaire soit totalement infère, avec un *Cornus*. Dans ce dernier, la préfloraison des pétales est valvaire, les étamines sont épigynes, les anthères introrses, et l'ovaire est couronné d'un disque, comme dans le *Schœpfia*. A chaque loge ovarienne correspond un ovule suspendu, dont le raphé est dorsal et le micropyle intérieur; ce sont là les principaux caractères communs aux deux types. Voici maintenant ceux qui les distinguent : les *Cornus* sont pourvus d'un calice, et leurs étamines sont alternes avec les pétales. Quant au premier de ces caractères, nous savons quelle valeur il lui faut accorder; il y a des Rubiacées sans calice et des Rubiacées munies d'un calice. Le second caractère est plus important sans doute; c'est lui qui sépare des Primulacées les *Avicennia*, qui leur sont d'ailleurs semblables sous tous les rapports. Il en résulte que, par les *Schœpfia*, les Santalacées et les Olacinées, et, par suite, tout le groupe de plantes que nous étudions, seraient liées plus intimement aux Cornées qu'à toute autre famille. Il est vrai que nous n'avons pas tenu compte de ce fait, que les loges ovariennes des *Schœpfia* sont fort incomplètes, tandis que celles des *Cornus* sont entièrement séparées l'une de l'autre par une cloison. Nous ne pouvons que répondre à cela que, dans des plantes intimement liées aux Cornouillers, comme les *Corokia*, la cloison interloculaire n'est pas complète. Dans le *C. buddleioides* A. Cun., par exemple, le périanthe, l'androcée et le disque épigynes sont tout à fait ceux d'un *Cornus;* mais l'ovaire est manifestement uniloculaire dans sa partie supérieure. Vers le sommet de la cloison, le placenta se renfle en un corps globuleux bilobé; chacun des lobes de ce renflement répond à une des loges, et donne insertion à un ovule suspendu dont le micropyle est en dedans et en haut; mais il n'y a aucune adhérence de la voûte ovarienne avec cette extrémité supérieure du placenta, qui est comme à cheval et en croix sur le bord supérieur de la cloison.

Il est d'ailleurs bien entendu que nous ne pouvons attacher ici aucune importance à la monopétalie des *Schœpfia*, car l'union de leurs pétales, qui ne suffit pas pour les éloigner des *Ximenia* et autres genres dialypétales, ne peut pas davantage les séparer des *Cornus*. Ces derniers ont d'ailleurs leurs analogues parmi les plantes monopétales. Aucune théorie en faveur n'a pu distraire les botanistes d'une tendance continuelle à rapprocher les Cornées des Viburnées. Il est même, près de ces dernières, un autre type à corolle monopétale qui se rapproche encore davantage, selon nous, des *Cornus* et des *Schœpfia*. Nous le trouvons représenté par les *Chiococca* et quelques genres analogues. Ainsi, dans la fleur du *C. racemosa*, nous trouvons le périanthe du *Schœpfia* avec le gynécée des Cornouillers, c'est-à-dire un ovaire infère à deux loges uniovulées et à ovules suspendus, avec le raphé en dehors et le micropyle en dedans. D'ailleurs les étamines sont alternes avec les pétales; mais tous les autres caractères étant comparables, on peut dire que le *Schœpfia* est au *Chiococca* ce qu'une Primulacée est à l'*Avicennia*.

Comme nous n'étudions pas ici la famille des Cornées autrement que dans ses rapports très intimes avec les Loranthacées, nous ne pouvons entrer dans des détails bien suivis sur l'organisation de cette famille assez peu nettement délimitée. Il en a d'ailleurs été question lorsque nous avons étudié un genre rapporté fréquemment aux Olacinées, le *Bursinopetalum*. Nous n'avons à parler, pour le moment, que des Cornées qui offrent des traits de parenté avec le groupe des Loranthacées tel que nous l'entendons.

Sous ce rapport, nous ne pouvons passer sous silence l'*Helwingia*. M. Decaisne, qui s'est particulièrement occupé des affinités de ce genre (1), a cru devoir établir pour lui une nouvelle famille qu'il a naturellement rapprochée des familles à insertion épigynique. Les Hamamélidées et les Araliacées sont, d'après ce savant, celles qui viennent en première ligne se placer auprès des Helwingiées; mais c'est, dit-il, avec les Hamamélidées que

____

(1) *Remarques sur les affinités du genre* Helwingia, *et établissement de la famille des Helwingiacées,* in *Ann. des sciences naturelles,* sér. 2, VI, 65.

l'analogie est encore la plus marquée. Gardner (1) supprima la famille des Helwingiées et la fit entrer à titre de sous-tribu, formée du seul genre *Helwingia*, dans sa tribu des *Hamameleæ*. Pendant que Gardner admettait, en la précisant davantage, l'analogie des *Helwingia* avec les Hamamélidées, M. Brongniart (2) inclinait, au contraire, vers les Araliacées. Endlicher (3) rapprochait en même temps l'*Helwingia* des Bruniacées, des Célastrinées et des Rhannées, tandis que M. Lindley (4) comparait aux Garryacées et aux Santalacées, les Helwingiées qui constituent son ordre 98ᵉ. Cet ordre enfin fut conservé par M. Agardh (*loc. cit.*, 310), qui dit : «*Helwingiaceæ sunt Aucubaceis et Dulongieis fere collaterales.*» C'est la première fois qu'avec les Aucubées, nous voyons apparaître les Cornées, auxquelles personne n'a rallié jusqu'ici les *Helwingia*. Or, pour nous, l'*Helwingia* est, comme l'*Aucuba*, une Cornée dégénérée, à fleurs diclines ; mais l'*Helwingia* est plus complet encore, au point de vue du gynécée, qui demeure chez lui pluriloculaire. Dans chaque loge, il y a un ovule suspendu, dont le raphé est dorsal et dont le micropyle est supérieur et intérieur, comme chez les *Cornus*. Il est vrai que c'est là aussi la direction primitive des différentes parties de l'ovule dans les *Hamamelis* (5); mais cette direction est ultérieurement altérée, parce qu'il y a, dans ce genre, une légère torsion de l'ovule sur son axe vertical ; de sorte que le raphé se porte vers le plan médian de la loge ovarienne.

Concluons de ce qui précède que l'*Helwingia* a les fleurs diclines, l'ovaire infère, les ovules suspendus avec le raphé en dehors, caractères qui se retrouvent souvent dans les Santalacées et Olacinées des auteurs, mais que ses loges ovariennes sont complètes, et qu'en cela il se rapproche plus encore des *Cornus*

---

(1) In *Hooker's Journal*, 1, 321. — Walpers, *Ann.*, II, 273.
(2) D'après M. Agardh (*Theor. syst. plant.*, 310).
(3) *Genera plantarum*, n. 2090.
(4) *Vegetable Kingdom* (1847), 296.
(5) Je ne pense pas que l'ovule de l'*Hamamelis* soit, comme le dit M. Agardh (*l. c.*, 156), épitrope.

que des *Corokia*. Presque tout ce que nous venons de dire de l'*Helwingia* pourrait s'appliquer à l'*Eustigma*, qui en diffère principalement par son périanthe double.

MM. Bentham et Hooker disent (*loc. cit.*, 342) que les Cornées ne diffèrent des Olacinées que par leur ovaire totalement infère. Nous ne pouvons que répéter ici que l'ovaire du *Cornus mas*, par exemple, n'est pas plus infère que celui des *Codonium* mexicains. Si l'on veut trouver une différence quelconque entre les deux types (1), il faut avoir recours au calice. L'organe que ces auteurs appellent ainsi chez les *Codonium*, ne mérite pas ce nom; il occupe, avons-nous dit, la base de l'ovaire. Cette différence est minime, il est vrai, mais il est bien rare qu'on en puisse observer une plus grande entre deux familles naturelles voisines.

Si les Olacinées sont très voisines des Cornées, elles doivent naturellement l'être des Rubiacées telles que le *Chiococca*, puisque nous croyons avoir établi qu'il n'y a de différence importante entre ce dernier genre et un *Cornus*, que la monopétalie de la corolle. Or il y a, nous le savons, des Olacinées à corolle monopétale.

Nous voici arrivés aux plantes qui, selon nous, possèdent le mieux tous les caractères, non pas des types écartés du groupe que nous étudions, mais de ceux mêmes qui en occupent le centre et qui le caractérisent le mieux; c'est-à-dire la superposition des étamines aux divisions de la corolle et surtout la placentation centrale libre. Nous avons nommé les Primulacées (2). Nous ne voulons point dire, bien entendu, qu'il y ait identité entre les deux groupes. Ce serait émettre une proposition qui paraîtrait d'autant plus exorbitante aux botanistes, qu'ils sont habitués depuis longtemps à séparer par un immense intervalle les Primulacées

---

(1) Outre les étamines oppositipétales, dont MM. Bentham et Hooker ne peuvent tenir compte, parce qu'ils conservent les Icacinées parmi les Olacinées.

(2) On verra facilement par ce qui suit, que nous comprenons sous ce titre les Primulacées proprement dites, les Ardisiacées, Théophrastées, Myrsinées et Ægycérées.

monopétales des Loranthacées et Santalacées, reléguées dans l'apétalie. Nous nous demandons seulement où sont les caractères différentiels absolus entre les deux ordres, et quelle peut être leur valeur.

Les Primulacées ont les fleurs tantôt hermaphrodites et tantôt unisexuelles. Ainsi les *Myrsine* sont diclines comme les *Viscum*, ou les *Osyris*, tandis que les *Thesium* sont hermaphrodites comme les *Primula*.

Le périanthe des Primulacées est ordinairement double. La corolle y peut disparaître, mais le calice persiste toujours, tandis que dans les Loranthacées, le calice n'existe que rarement, ou peut-être même jamais, étant remplacé par une expansion pédonculaire, ou *calycode*. Les *Myzodendron* sont apétales, comme les *Glaux*.

La corolle est souvent monopétale chez les Primulacées; moins souvent chez les Loranthacées. Mais la polypétalie existe dans un certain nombre de Primulacées, telles que les *Embelia*, les *Apochoris*, les *Samara*, les *Pelletiera*, etc.

La préfloraison de la corolle est ordinairement imbriquée ou tordue chez les Primulacées, plus souvent valvaire chez les Loranthacées. Nous avons vu cependant que les pétales du *Stolidia* sont imbriqués.

Lorsqu'il y a isostémonie, les étamines des Loranthacées sont superposées aux segments de la corolle, comme celle des Primulacées. Ces dernières sont presque toutes isostémones jusqu'à présent, tandis que, dans les *Coula*, les étamines peuvent devenir nombreuses.

Les anthères sont introrses dans les Primevères et extrorses dans les *Theophrasta*, les *Jacquinia*, etc. Ce dernier cas est relativement fort rare, et il en est de même chez les Loranthacées, où cependant les anthères des *Aptandra* sont extrorses. Les filets staminaux sont en général libres dans les deux familles. Toutefois ils deviennent monadelphes chez les *Aptandra* d'une part, chez les *Clavija*, les *Cortusa*, etc., de l'autre.

La placentation est centrale libre dans les Primulacées et les Loranthacées. Si l'on ne trouve parmi les premières aucune plante qui porte un seul ovule dressé au sommet de ce placenta, cela tient peut-être à ce que ces plantes sont reléguées dans d'autres familles d'ailleurs fort analogues. D'autre part, les ovules des Primulacées sont en général bien plus nombreux que ceux des Santalacées ou Olacinées, mais souvent aussi ils sont en nombre déterminé, correspondant à celui des feuilles carpellaires : tels sont ceux des *Coris*, des *Embelia*. Dans les *Oncostemum* même il peut n'y avoir qu'un ou deux ovules latéraux.

Les ovules sont orthotropes ou plus ou moins incomplétement anatropes dans les Loranthacées ; ils sont toujours dans ce dernier cas chez les Primulacées. Ceux des Loranthacées sont souvent réduits au nucelle, ou ne possèdent qu'une enveloppe incomplète. Ceux des Primulacées n'ont souvent qu'une enveloppe, mais aussi parfois deux, comme il arrive dans la Primevère.

L'ovaire est infère dans les Santals et dans les *Mœsa* ; supère dans les *Primula* et dans les *Olax*, sans qu'on puisse accorder une grande valeur à ce caractère.

La graine est pourvue d'un albumen dans les deux groupes. Dans l'un comme dans l'autre le fruit est tantôt sec et tantôt charnu.

En somme, les Primulacées diffèrent des Loranthacées, telles que nous les comprenons, en ce qu'elles ont plus fréquemment un périanthe double ; plus fréquemment aussi une corolle monopétale à divisions imbriquées ; des étamines plus souvent en nombre égal à celui des pétales ; un placenta plus court en général et différent par son tissu ; plus rarement encore des ovules en nombre défini et des fruits monospermes.

Si les Primulacées ressemblent tellement aux plantes que nous étudions, qu'il n'y ait entre les unes et les autres que des différences du plus au moins, il y a un autre petit groupe qui ne saurait non plus s'éloigner beaucoup des Olacinées monopétales ; c'est celui des *Avicennia*. La structure du gynécée est en effet exactement la même dans ce genre que dans nos Santalacées et nos Opiliées. Les masses cellulaires qui, chez l'*Avicennia*, naissent près du sommet du placenta, et qui sont, avant l'anthèse, d'une structure homogène, répondent exactement aux ovules réduits à un nucelle que nous avons rencontrés chez les *Santalum*. Qu'à une certaine époque les botanistes possédés de cette opinion qu'il n'y a pas d'ovules sans enveloppes, aient refusé de regarder comme tels les corps dont nous parlons, ce fait s'explique tout aussi bien que le refus de considérer comme paroi ovarienne l'enveloppe du nucelle des Conifères, nucelle que les analogies ne permettaient pas alors de regarder comme pouvant représenter à lui seul un ovule. Mais il n'en est plus de même de nos jours, et, grâce aux observations, dont celle de M. Brongniart relativement à l'ovule du *Thesium* a été le point de départ, nous ne pouvons nous refuser actuellement à admettre que les quatre corps supportés par le placenta central des *Avicennia* sont quatre ovules réduits au nucelle, et que l'organe qui fait issue par leur extrémité, n'est autre chose que le sac embryonnaire semblable à ceux des *Thesium*, des *Exocarpos*, des *Viscum*, etc., mais moins développé au dehors que dans la plupart de ces genres, et servant, par conséquent, de transition entre le sac des Santalacées et celui des Primulacées. Cette identité étant ainsi établie, il ne reste plus qu'à signaler, comme caractère différentiel d'une importance relativement peu considérable, l'alternance des étamines de l'*Avicennia*, avec les lobes de la corolle (1).

Il y a bien d'autres familles encore de plantes à corolle monopétale, qui se rallient plus ou moins directement aux Loranthacées. Nous laisserons seulement entrevoir une de ces analogies, en rappelant qu'il y a des Synanthérées asépales, à fleurs unisexuées, à androcée isostémone, à placenta central basilaire supportant un

---

(1) Pour tout ce qui concerne ces affinités, il importe de lire ce qu'a si sagement écrit M. Miers (*Contrib. to botan.*, p. 24), dans son article intitulé : « *Observations on the affinities of the* Olacaceæ. » Les Olacinées y sont, entre autres, comparées aussi aux Myrsinées.

ovule dressé, et à ovaire infère comme celui des Santalacées. Quant à l'affinité des Liriosmées et des Styracées, elle est assez démontrée par ce fait que l'un des premiers *Liriosma* connus fut, sous le nom d'*Hypocarpus*, attribué par M. A. de Candolle (1) à la famille des Styracées. C'est surtout par la tribu des Pamphiliées, que cette famille se rapproche le plus des Olacinées. Si l'on recherche en effet quelle est l'organisation du gynécée chez les *Pamphilia*, on voit que l'ovaire est supère et uniloculaire. C'est à peine si ses parois présentent des rudiments de cloisons. Le placenta est par conséquent central et entièrement libre. Il supporte trois ovules dressés et anatropes qui se touchent par leurs raphés, tandis que leur micropyle regarde en bas et en dehors. Or il est reconnu qu'un ovule dirigé de la sorte équivaut à un ovule suspendu dont le raphé serait dorsal, et telle deviendrait la position de cet organe chez les *Pamphilia*, si leur placenta, s'allongeant davantage, reportait vers le sommet de la loge l'insertion des ovules, qui seraient forcés de prendre une direction descendante.

Toutes les Loranthacées que nous avons étudiées sont pourvues de fleurs régulières. On sait qu'il n'en est pas de même des Primulacées. En cherchant quelles seraient les plantes qui pourraient tenir ici le rôle que jouent les *Coris* parmi les Primulacées, nous avons rencontré chez certaines Stylidiées, telles que le *Dampieria*, en même temps qu'un périanthe irrégulier, une placentation basilaire ou centrale. Or ce genre à placenta uniovulé est inséparable des autres Stylidiées dont les ovules sont très nombreux. Mais nous démontrerons prochainement que dans ces dernières la placentation est également centrale.

Nous terminons ce travail par une courte révision des genres qui nous sont connus (2).

(1) *Prodromus*, VII, 245, 673.

(2) Nous supprimons autant que possible, dans cette révision, les caractères qui se trouvent décrits partout, et pour lesquels nous renvoyons en général au *Prodromus*, aux *Annales* de Walpers, au *Genera* d'Endlicher, etc.

Conspectus generum.

ORDO LORANTHACEARUM.

[*Loranthaceæ, Myzodendreæ, Santalaceæ, Olacineæ* (excl. *Icacinaceis*), *Opilieæ, Liriosmeæ, Cansjereæ, Anthoboleæ, Ximenieæ* Auctt. pler.]

Series I. — Loranthineæ. — Ovula adscendentia.

(*Loranthaceæ* (excl. *Myzodendreis*) et *Anthoboleæ* Auctt. pler.)

SUBORDO A (v. TRIBUS). — LORANTHACEÆ propriæ. — Ovarium superum.

Germen complete miloculare. Trophospermum erectum breve; ovulo (nucleo) solitario erecto atropo; saccis amnioticis longe exsertis erectis haud inflexis. Corolla aut nulla (?) aut varia; petalis hinc omnino liberis, inde in tubum plus minusve longe coalitis. Stamina petalis numero æqualia iisque opposita, aut diplostemona, inter se inæqualia, alteris plerumque brevioribus alternis, hinc epigynis liberis, inde epipetalis. Fructus indehiscens.

1° Antheræ singulæ petalis medio adnatæ, aut potius (?) flores masculi nudi, staminibus petaloideis, filamento connectivoque dilatatis intus polliniferis (1). Flores unisexuales monœci v. diœci. Perigonii v. androcæi segmenta distinctissima (Visceæ).

(1) « Comme on voulait absolument trouver dans toutes les plantes des éta-
» mines, ou du moins des anthères, on a dit que le *Viscum album* avait une an-
» thère adnée au pétale ; mais, pour qu'il en fût ainsi, il faudrait qu'il y eût tout à
» la fois pétale et anthère, et ici il n'existe réellement qu'une corolle dont la sub-
» stance s'est, à de petits intervalles, changée en pollen, de manière à faire paraître
» alvéolée la surface intérieure des pétales. Il y a plus encore : dans une plante
» brésilienne de la même famille que le *Viscum album*, plante où trois pétales sont
» soudés à la base, je cherchais vainement les étamines, lorsque je m'aperçus que
» le pollen était niché dans un pore qui se trouve à l'extrémité pointue de chaque
» pétale (*Castræa falcata*); et, par conséquent, ici, bien plus clairement encore
» que dans le *Viscum :* c'est le pétale qui tient lieu d'étamine, ou, pour mieux dire,
» une très petite portion de la substance intérieure du pétale s'est changée en
» pollen. Dans les étamines ordinaires, la métamorphose est plus complète ; voilà
» la différence. » (A. DE SAINT-HILAIRE, *Morphologie*, p. 451.)

1. VISCUM T., *Instit.*, 609, t. 380.—ENDL., *Gen.*, n. 4584. — WALP., *Ann.*, V, 92. — DC., *Prodr.*, IV, 274, 670. — PAYER, *Fam. nat.*, 49. — HOFMEIST., in *Ann. sc. nat.*, sér. 4, XII, 22.

Flores diœci v. monœci plerumque 4-meri. Antheræ poris plurimis introrsum dehiscentes. Corolla annulo dilatato (pedunculari) cincta. Embryones in seminibus singulis 1-5.

Species nunc multæ auctorum exclusæ et ad *Tupeiam, Arceuthobium, Henslowiam,* etc., referuntur. Genus inde valde depauperatum systematicis sedulo commendatur.

2. ARCEUTOBIUM BIEB., *Suppl.*, 629. — ENDL., *Gen.*, n. 4583.— R. DE FONVERT, in *Ann. sc. nat.*, sér. 3, VI, 129.— RAZOUMOWSKIA HOFFM., *Hort. Mosc.*, 1808, n. 1, f. 1.

Antheræ petalis medio adnatæ sessiles uniloculares rima inæquali transversa dehiscentes. Cætera fere omnia *Visci.*

Sectionem forsan *Visci* melius quam genus proprium formaret (*V. Oxycedri* DC., *Prodr.*, IV, 277).

3. CASTRÆA A. S. H., *Morphol. veget.*, 451, t. 20, f. 335 (vid. supr. notulam, p. 55).—ENDL., *Gen.*, suppl. 4, 3.

Genus verisimiliter *Visco* arcte affine, petalis apice polliniferis porricidis (aut flore nudo, staminibus basi dilatatis petaloideis). Plantæ hujus in herbario cel. auctoris specimina mascula nullibi hucusque reperire potuimus.

2° Stamina aut libera aut petalis inserta, distinctissima, loculis secundum normam dehiscentibus (LORANTHEÆ).

4. TUPEIA CHAM. et SCHLECHT., in *Linnæa*, III, 203.—ENDL., *Gen.*, n. 4585 et suppl. 1, 1415; 2, 70 (excl. syn. KORTHALS., *Over het geslacht* Tupeia, etc.). — HOOK. f., *Flor. antarct.*, II, 293; *N.-Zeland.*, 100, t. XXVI. — WALP., *Rep.*, II, 439; *Ann.*, V, 92. — LEPIDOCERAS HOOK. f., *Flor. antarct.*, 293 (trad. in *Ann. sc. nat.*, sér. 3, V, 200).— CLOS, in *Fl. chilen.*, III, 166, t. 32, f. 2 (excl. f. 1). — HOFMEIST., trad. in *Ann. sc. nat.*, sér. 4, XII, 21.— GRISEB., *Syst. Bemerk.*, etc. (1854), t. 1, f. 1-4. —

Visci spec. Forst., *Prodr.* — Loranthi spec. Domb., mss., in herb. — Myrtolobium Miq., in *Pl. exs.* Lechler.

Flores diœci. Flos masculus : petala 4 nuda basi tantum coalita ; æstivatione valvata. Stamina totidem petalis opposita prope ad centrum receptaculi paulo incrassati depressive inserta, filamentis æqualibus v. inæqualibus, antheris introrsis 2-locularibus basifixis rimosis. Flos fœmineus : corollæ superæ petala 4 valvata extus disco annulari cincta. Ovarium inferum obscure 3-4-gonum elongatum. Stylus basi disco epigyno obsoleto adnatum, apice capitato 3-4-lobum. Placenta ovulumque *Visci*, sacculo amniotico exserto erecto atropo. Fructus baccatus *Visci*; semine atropo erecto; embryonis albuminosi radicula supera. Folia opposita v. rarius alterna. Flores masculi racemosi pedicellati, pedicellis decussatis; flores fœminei sessiles decussati.

In floribus 4-meris petala 2 antica, 2 autem postica. Lobi stigmatosi, dum 4 sint, cum petalis alternant. Flores nonnunquam 3-meri,

Excluduntur ab auctt. omnibus species *Korthalsianæ* quæ, docente Miquel (in *Linnæa*, XVIII, 28) ad genus alium pertinent, scil. *Henslowiam* Bl., nec Wall. (cfr. *Adansonia*, II, 364).

Species hucusque notæ 2, scil. : 1° *T. antarctica* Cham. et Schllct., et 2° *Lepidoceras squamifer* Clos., *loc cit.*, 166 (*L. Kingii* et *L. Dombeyi* Hook. f. — *Loranthus myrtifolius* Dombey mss. in herb. — *Myrtolobium microphyllum* Miq., in *Pl. exs.* Lechl., n. 461) quæ species est *Tupeiæ*, disco floris fœminei prominulo obsolete inter petala 4-lobato.

Lepidoceras punctulatum Clos, *loc. cit.*, 165, t. 32, f. 1, est *Eremolepidis* spec. Griseb.

5. GINALLOA Korth., *Loranth. javan.*, 64. (*Viscum spicatum* ejusd.) — Miq., *Fl. ind.-bat.*, 1, 807. — Endl., *Gen.*, n. 4584, suppl. 1, 1415; 2, 70.

Genus a nobis non visum, præcedentibus, ut ex auct. descr. videtur, valde affine, vix nisi floribus 3-4 meris differt.

Flores monœci diœcive 3-meri. Stamina 3 distincta.

6. EUBRACHION Hook. f., *Flor. antarct.*, 291 (trad. in

Ann. sc. nat., sér. 3, V, 196). — Visci spec. Hook et Arn., in *Bot. Miscell.*, III, 356.

Planta aphylla floribus dioecis, nobis ignota, cui, ex descr. auct., *Phoradendron* valde affine, tantum inflorescentia et petalis æqualibus distinctum. Ad hoc genus forsan spectaret *Loranthacea* quædam aphylla a cl. Gaudichaud e Musæo brasiliensi allata, cujus flores fœmineos 3-meros tantum novimus (*Herb. imp. bras.*, n. 1003 (4929).

7. PHORADENDRON Nutt., in *Journ. of nat. Hist.*, VI, 212. — A. Gray, *Bot. am. expl.*, 742. — Walp., *Ann.*, II, 726; V, 91. — Spiciviscum Engelm., mss.

Flores dioeci. Amenta *Gneti*. Flores sessiles 3-meri (raro 2-4-meri). Petala valvata. Stamina 3 petalis opposita, antheris 2-locularibus introrsis. Germen abortivum superum complanatum apiculatumve. Floris fœminei petala 3 supera valvata. Pistillum et fructus *Visci*. Flores sessiles in spicarum axi cylindracea foveolata incrustati.

Genus in America utraque ortum, in Brasilia et Guiana frequens, in herbariis plerumque sub nomine *Visci* reperitur, a quo tantum anthemiis et floribus 3-meris, præter stamina libera, differt. A præcedente vix separandum videtur.

8. EREMOLEPIS Griseb., in *Diagn. pl.* Phil. et Lechler., 36. — Walp., *Ann.*, V, 90. — Lepidoceratis spec. Clos, in *Flor. chilen.*, III, 165, t. 32, f. 1.

Flores monœci, racemosi. Petala 3 valvata. Stamina 3 petalis opposita, antheris introrsis. Germen abortivum (v. discus) 3-lobum, lobis cum petalis alternantibus. Ovarium floris fœminei inferum uniloculare, ovulo *Visci* erecto atropo. Folia alterna. Racemi axillares pauciflori, aut solitarii, aut fasciculati.

Flos et fructus cum generibus præcedentibus perfecte congruunt. Inflorescentiæ tantum differunt. Genus simul *Lepidocerati* affine, sed flores 3-meri discrepant.

Corolla plerumque perfecta aut mono- aut polypetala.

9. LORANTHUS L., *Gen.*, n. 443. — DC., *Prodr.*, IV, 386, 674. — Walp., *Ann.*, II, 730; V, 92. — Endl., *Gen.*, n. 4586.

Genus polymorphum, hucusque incomplete elaboratum, a systematicis, quorum investigationibus sedulo quoque commendatur, in sectiones circ. 20 dividitur; quorum nonnullæ sane, præcipue inter Blumeanas Martianasque, generis dignitatem non sine jure sibi vindicarent.

NUYTSIA R. BR., in *Journ. geogr. Soc.*, I, 17. — ENDL., *Gen.* n. 4587, a *Loranthis* multis 4-7 petalis donatis, staminibus totidem oppositis, nisi ovario compresso subalato differre videtur.

Sepala legitima in flore *Loranthorum* nulla reperiuntur. Calyx superus *auctt.*, est *calycodium* nonnullorum, scilicet discus exterior e margine receptaculi producto ortus. Sub flore nonnunquam occurrit et involucrum simillimum ei *Quinchamalii*, nullo modo floris structura, nisi ovulorum numero, a *Loranthaceis* monopetalis diversi.

PASSOWIA KL., in *Bot. Zeit.* (1846), p. 107. — KARSTEN, in *Bot. Zeit.* (1852), 305, cum icon., est, sec. cl. HOFMEISTER, *Loranthi* species.

SUBORDO B (v. TRIBUS) — ANTHOBOLEÆ. — Ovarium superum.

1° Germen omnino liberum. Flores trimeri.

10. ANTHOBOLUS R. BR., *Prodr. Nov.-Holl.*, 357. — ENDL., *Gen.*, n. 2087. — MEISN., *Gen.*, 240. — DUMORT., *Anal. fam.*, 15. — A. DC., *Prodr.*, XIV, 687.

Flores diœci 3-meri. Calyx nullus. Corollæ petala 3 basi plus minusve connata; præfloratione valvata. Stamina 3 petalis opposita iisque inserta, antheris introrsis 2-locularibus longitudine dehiscentibus. Ovarium liberum uniloculare stigmate brevi 3-lobo coronatum. Ovulum unicum centrale erectum, integumento destitutum (more *Visci*), sacculo amniotico atropo. Fructus nuciformis monospermus. Semen erectum, albumine carnoso, embryonis inversi radicula supera.

Frutices Novæ-Hollandiæ, floribus axillaribus cymosis? Stamina abortiva in flore fœmineo nulla. In masculo, germen sterile parvulum erectum. Styli lobi cum petalis, ut videtur, alternantes. Genus gynæcei fabrica perfecte cum *Loranthcis* (ni ovario supero) simul et cum Taxineis congruit. Species 2 a cel. BROWN in *Prodromo* (*loc. cit.*) descripta.

2° Germen aut liberum aut basi plus minusve adhærens. Flores 4-5-meri.

11. EXOCARPOS LABILL., *Voy*, I, 155, t. 14; *Nov.-Holland.*, II, 123. — A. DC., *Prodr.*, XIV, 687. — EXOCARPUS ENDL., *Gen.*, n. 2088. — SARCOCALYX ZIPP. nec WALP.

Flores polygami 4-5-meri. Receptaculum aut concavum aut planum. Omnia cæterum *Anthoboli*. Stamina in flore fœmineo sterilia, receptaculo ad marginem incrassato discoideo inserta. Calyx nullus. Ovarium liberum uniloculare. Ovulum unicum orthotropum erectum, sacculis amnioticis 1 v. paucis erectis atropis, sterilibus nonnullis. Fructus *Anthoboli*, basi disco carnoso (ut in *Taxo*) i. e. receptaculo aucto incrassato colorato (arillo AUCTT.) cinctus. Embryonis radicula supera.

Species ad 20 oceanicæ, fruticosæ, ramis teretibus v. phyllodiiformibus, *Xylophyllos* referentibus. Addantur 2 sequentes quæ novæ videntur, sandwicensis utraque.

1. *E.* (*Sarcocalyx*) *sandwicensis*, frutescens, ramis teretibus nodosis striatis ferrugineis; foliis aut latis ovato-lanceolatis, aut multo minoribus lanceolatis sessilibus; limbo nonnunquam insymetrico subfalcato utrinque acuto integerrimo demum glabrato 3-7-nervio, nervis paralleliter assurgentibus; foliis in supremis ramulis plerumque nullis; floribus spicatis, spicis simplicibus ramosisve; bracteis floralibus sessilibus obtusis rigidis; flore plerumque 5-nervo; fructu obovato glabro basi disco carnoso obconico glabro munito. — In insulis sandwicensibus *Lanai* et *Oahu* legit cl. J. REMY, ann. 1851-55 (exs., n. 513, 514).

2. *E.* (*Euexocarpos*) *Casuarinæ*, frutescens, ramis teretibus striatis ferrugineis, ramulis alternis erectis virgatis gracilibus subcompressis glabris aphyllis; bracteis minutissimis obtusis glaberrimis; floribus spicatis sessilibus; spicis lateralibus brevissimis; perianthio 4-5-mero; fructu ignoto. — In insula sandwicensi *Oahu* legit cl. J. REMY (exs., n. 512).

SERIES II. — SANTALINEÆ.— Ovula descendentia.

(Myzodendrœ, Santalaceœ, Olacineœ, Opilieœ, Liriosmeœ, Cansjereœ, Ximenieœ (excl. Balaniteis) AUCTT. pler.)

SUBORDINES C, D (vix separandæ). — SANTALACEÆ et OLACINEÆ.

C. Ovarium inferum. — SANTALACEÆ propriæ.

Flores nudi. Perianthium 0. (MYZODENDREÆ).

12. MYZODENDRON BANKS et SOL.; R. BR.. in *Trans. Linn. Soc.*, XIX, 232. – HOOK. f., *Fl. antarct.*, II, 289, 549, t. 104-107 ter (trad. in *Ann. sc. nat.*, sér. 3, V, 193). — HOFMEIST., in Griseb. *Bemerk. ub. Pflanz.* Phil. und Lechl., 46 et t. 1, f. 6-10. — MISODENDRON DC., *Mem.*, VI, 12; *Prodr.*, IV, 285.— ENDL., *Gen.*, n. 4581.— ANGELOPOGON POEPP., mss.

Perianthium in flore sexus utriusque nullum. Discus annularis e pedunculo ortus, in flore masculo basim androcœi, in fœmineo ovarii apicem (v. potius receptaculi concavi marginem) cingens. Stamina 2-3 nuda. Germen receptaculo concavo sacciformi (calycis tubo AUCTT.) inclusum inferum, ad apicem 1-loculare, basi incomplete 3-loculare; placenta centrali demum libera 3-ovulifera; ovulis pendulis nudis atropis; sacco amniotico exserto anatropo. Embryonis radicula supera.

Genus a J. D. HOOKER (*loc. cit.*), optime elaboratum, a cl. auctore *Loranthaceis* adscitum et in sectiones 2 v. subgenera divisum :

1° *Gymnophytum:* « bracteis squamæformibus; floribus masculis in axillis bractearum solitariis; staminibus 2; floribus fœmineis binis. »

2° *Eumyzodendron :* « ramis foliosis; bracteis nullis; floribus racemosis v. secus ramos solitariis binis quaternisve; staminibus 3. »

Stirpes, tot inter alias, *Loranthacearum Santalacearumque* AUCTT. arctissimam necessitudinem demonstrantes, potius, nostro sensu, formam apetalam *Santalacearum* constituentes.

13.? ANTIDAPHNE POEPP. et ENDL., *Nov. gen. et sp.*, II, 70, t. 199. — ENDL., *Gen.*, n. 4582.

Spica mascula strobiliformis, bracteis inæqualibus scariosis imbricatis, inferioribus sterilibus v. uni-bifloris, superioribus 3-floris. Flores cymosi, quorum terminalis unus natu major et duo laterales juniores. Flos in juventute nudus, perianthio nullo; pedicello ad apicem in massam subglobosam (pistilli rudimentum?) incrassato; staminibus 3 sub massa centrali insertis, filamentis inæqualibus a basi paululum incrassatis basifixis; antheris introrsis 2-locularibus, loculis adnatis rimosis.

Flores fœminei (*ex descr.*) terni; perigonio simplice urceolato ovario adnato, margine integerrimo. Ovarium uniloculare; stigmate subsessili capitato-globoso concavo. Ovulum unicum pendulum. Bacca monosperma, endocarpio plicato-costato. Semen inversum.

Flores fœminei in speciminibus mancis a nobis non visi. Generis unde affinitas valde dubia remanet. Perigonium, ut videtur, nullum et ovarium concavitati receptaculi adnatum. Flore masculo cum *Myzodendro* perfecte congruit. Sed in icone auctorum setæ circa gynæceum desunt. An ovarium in juventute pluriovulatum?

Perianthium simplex (corolla). Ovarium inferum aut uniloculare aut imperfecte 2-5-septatum. Flores aut nudi aut involucro infero donati; petalis aut nudis aut disco exteriori (*calycodio* plur. auctt.) cincti (SANTALEÆ).

14. SANTALUM L., *Gen.*, n. 215. — ENDL., *Gen.*, 14, n. 2080. — A. DC., *Prodr.*, XIV, 681. — SIRIUM L., *Gen.*, n. 203. — FUSANUS L., *Syst.*, 13, 765. — ENDL., *Gen.*, n. 2077. — MIDA A. CUNN., in *Ann. of nat. Hist.*, I, 376.

Flores hermaphroditi. Corolla nuda 4-5-mera valvata: Stamina totidem petalis opposita. Discus epigynus 4-5-lobus, lobis cum staminibus alternantibus. Ovarium omnino v. ex parte inferum uniloculare; placenta basilari erecta libera plerumque conica; ovulis 2-5 prope ad basim placentæ affixa pendula atropa nuda; sacculo amniotico exserto inflexo. Drupa monosperma, semine constante e sacculo embryonem albuminosum fovente, radicula supera. Folia opposita alternave. Flores cymosi terminales axillaresve.

. Species in *Prodromo Candolleano* (*loc. cit.*, p. 686) 20 descriptæ, quorum 2 dubiæ. In *S. albo* L. ovarium plane semi-inferum sæpius 3-merum, lobis stigmatis 2 posticis. Flores sub ovario articulati. Sub flore terminali bracteæ observantur 2 steriles et bracteæ 2 inferiores cum præcedentibus decussatæ fertiles, quarum in axilla flores plerumque cymosi 3 occurrunt.

15. COLPOON Berg., *Pl. cap.*, 38, t. 1. — Fusani spec. Juss., *Gen.*, 75. — Endl., *Gen.*, n. 2077. — Thesii spec. Thg. — Osyridis spec. A. DC., *Prodr.*, XIV, 634.

Flores 4-meri hermaphroditi. Petala 4 nuda intus pilorum fasciculo donata, basi connata, valvata. Stamina totidem petalis opposita, antheris 2-locularibus introrsis. Discus epigynus 4-lobus, lobis cum petalis alternantibus. Ovarium inferum 1-loculare, basi tantum 4-loculare, septis valde incompletis petalis oppositis. Stylus apice stigmatoso 4-lobus, lobis et ovulis totidem cum petalis alternantibus. Folia opposita. Ovula *Santali*, sed altius nec prope basim placentæ inserta. Fructus drupaceus.

Omnia fere *Santali* a quo præcipue differt insertione ovulorum et ovario imperfecte basi septato.

Rhoiacarpos capensis A. DC., *Prodr.*, XIV, 635 (*Hamiltonia capensis* Harv., *Gen. S. afric.*, 298 ; — *Santalum capense* Spreng.), tantum differt numero partium, floribus sæpius 5-meris et petalis persistentibus. Genus, nostro sensu, delendum.

16. OSYRIS L., *Gen.*, n. 1101. — Endl., *Gen.*, n. 2078. — Casia T., *Inst.*, Coroll., 53, t. 488. — Euosiris A. DC., *Prodr.*, XIV, 633.

Flores diœci 3-4-meri. Germen abortivum in flore masculo minutum v. nullum. Ovula et stigmata cum petalis alternantia. Septorum rudimentum nullum. Fructus drupaceus. Folia alterna.

Species 4 gerontogeæ, quarum indica una.

17. THESIUM L., *Gen.*, n. 292. — Endl., *Gen.*, n. 2072. — A. DC., *Prodr.*, XIV, 637.

Comandra Nutt., *Gen.*, 1, 107 (Darbya A. Gray, in *Amer. Journ. sc.*, ser. 2, 1, 386), genus a cl. A. DC., in *Prodromo, l. c.*, 635, servatum, staminum tantum forma a *Thesiis* genuinis differt, et melius, docente

REICHENBACH, ad sectionem hujus generis (*Thesiosyridem*) reducitur.

OSYRIDICARPOS A. DC., *l. c.*, 635, a *Thesio* tantum distinguitur meso-carpio subcarnoso et sectio tantum, nostra sententia, hujus generis est. In *T. Schimperiano* HOCHST., ovula 3-5 invenimus discumque obtuse 5-dentatum. Corolla intus pilis fasciculatis donata et ovarium sub basi articulata bracteis 2 munitum. Stylus fere integer. Flores axillares solitarii.

Species omnes gerontogeæ, excepta unica? brasiliensi (2 sec. A. DC., *l. c.*, 671) adspectu valde distincta, quam forsan olim a systematicis gene-rice separatam videbimus. Species orientales 2 conspicuæ a cl. JAUBERT et SPACH (*Illust. orient.*, t. 104, 200) sub *Chrysothesio* descriptæ, adspectu simillimo et characteribus aliis, genus cum *Arjona* et *Quinchamalio* arctissime connectunt. Ovarium autem omni dissepimentorum rudi-mento destitutum.

18. THESIDIUM SOND. in *Flora* (1857), 364, 405. — A. DC., *Prodr.*, XIV, 673.

Omnia fere *Thesii*. Sed floris situs erga bracteam diversus (monente *cl.* A. DC., in *Note sur la fam. des Santalacées*, 4). In flore 4-mero petala 2 lateralia; in flore 3-mero (*T. leptostachyi*) petala 2 postica.

19. CHORETRUM R. BR., *Prodr. Nov.-Holl.*, 354. — ENDL. *Gen.*, n. 2074. — A. DC., *Prodr.*, XIV, 675.

Flores (*Thesii*) 5-meri. Sed circa genitalia integumentum florale triplex, scilicet : 1° petala 5 valvata staminibus opposita; 2° dis-cus exterior e margine receptaculi producto ortus 5-dentatus, den-tibus carnosulis cum petalis alternantibus; 3° involucrum sub ova rio situm (calyx nonnull., in *Quinchamalio*) e bracteis plurimis inferis imbricatis formatum.

20. LEPTOMERIA R. BR., *Prodr. fl. Nov.-Holl.*, 353. — ENDL., *Gen.*, n. 2075. — A. DC., *Prodr.*, XIV, 677. — OMPHA-COMERIA A. DC., *loc. cit.*, 680.

Flores 5-4-meri. Petala disco exteriori e margine receptaculi aucto incrassato integro v. nullo cincta, intus concava, valvata. Stamina epigyna in concavitate petalorum nidulantia; antheris aut 4-gonis 4-locellatis complanatis, aut plus minusve elongatis, introrsum longitudine dehiscentibus. Discus epigynus 5-lobus, lobis cum petalis alternantibus. Germen inferum obconicum perfecte uniloculare, placenta tenui erecta apice 3-5-ovulata.

Genus vix a præcedente diversum, *Lepionuro* simul perianthio, disco et inflorescentia valde analogus, a quo species calycodio destitutæ ovario tantum infero distinguuntur. In speciebus nonnullis, hujus ovarii evidentissima natura fit, pedunculo paululum incrassato excavato, placentam et ovula fovente. In *L. Preissiana*, ovula sæpe 5 petalis opposita sicut et stigmatis lobi; petala galeata ad apicem valde incrassata carnosa. In *L. empetriformi*, annulum integrum circa petalorum basim observavimus. Disci epigyni interioris laciniæ 5 inter petala prominulæ. Bracteæ laterales nullæ.

21. MYOSCHILOS R. et Pav., *Prodr.*, 41, t. 34. — Endl., *Gen.*, n. 2084. — A. DC., *Prodr.*, XIV, 627.

In specie hujus generis unica, scil. *M. oblongo* R. et Pav., flores eis *Thesiorum* similes. Ovarium non est omnino inferum. Stylus conicus sub-3-gonus apice 3-partito stigmatiferus. Petala 5. Discus epigynus, lobis obsoletis cum petalis et staminibus alternantibus. Ovula 3 non summæ placentæ inserta; apex autem columnæ in basim concavam styli intromittitur. Discus exterior in juventute floris nullus; sed serius paulo circa basim petalorum receptaculi pagina externa incrassatur. Bracteolæ 2 circa florem laterales.

Genus valde affine *Thesio*. Simul et *Choreto Leptomeriæque* proximum. Nonne potius in genus unicum coadunarentur? *Myoschilos* habitu inter *Santalaceas* anomalo, foliis ovatis et anthemiis, *Opilieas* plerasque multum refert, scil. *Opiliam, Lepionurum* et *Champereiam*, a quibus non jure differret nisi ovario ex parte infero et numero ovulorum, characteribus in Ordine levioris momenti.

22. NANODEA Banks, ap. Gærtn., *Fr.*, III, 251, t. 225. — Endl., *Gen.*, n. 2703. — A. DC., *Prodr.*, XIV, 675. — Ballexerda Comm., mss.

Petala 4-6. Discus epigynus 4-6 lobus, lobis cum petalis staminibusque alternantibus. Receptaculum concavum circa petalorum basim extus incrassatum, margine (sicut in *Leptomeriis* nonnullis), integerrimo. Folia alterna basi articulata. Genus vix servandum.

23. ARJONA Cav., *Icon.*, IV, 57, t. 383. — A. DC., *Prodr.*, XIV, 626. — Arjoona Endl., *Gen.*, n. 2071.

Corolla epigyna tubulosa, limbo 5-lobo; lobis ovato-acutis; æstivatione induplicato-valvata. Stamina 5 basi loborum inserta. Glandulæ villosulæ 5 corollæ lobis insertæ staminumque dorso oppositæ. Ovarium inferum carnosum uniloculare, basi 3-septatum, septis in alabastro imperfectis post deflorationem valde accretis, summa placenta libera 3-ovulifera. Discus epigynus carnosus in fructu valde incrassatus bacciformis. Flores in axilla bractearum spicæ singularum solitarii, bracteolis 2 lateralibus sterilibus fertilibusve stipati.

Arjona forsan et *Quinchamalium* melius in genus unum coadunarentur (Cfr. *Adansonia*, II, 334).

24. QUINCHAMALIUM Mol., *Chil.*, 331. — Endl., *Gen.*, n. 2070. — Payer, in *Bull. Soc. bot.* (1858), 215. — A. DC., *Prodr.*, XIV, 625.

Involucrum florale e bracteis 4 inæqualibus, quarum 2 laterales, constans. Corolla ut in *Arjona*. Stamina fauci corollæ inserta. Discus epigynus styli basim arcte cingens. Ovarium basi 3-loculare apice 1-loculare, dissepimentis 2 anticis, altero postico.

De charact. ovarii cfr. *Adansonia*, II, 336.

25. PYRULARIA Michx, *Fl. Bor.-Amer.*, II, 231. — Endl., *Gen.*, n. 2082. — A. DC., *Prodr.*, XIV, 628. — Sphærocarya Wall., in Roxb., *Fl. Ind.*, II, 371, nec Dalz. — Scleropyrum et Scleropyron Arn.

Genus a *Strombosiis* veris (e gr. *S. javanica* Bl.) tantum differt ovario plus minusve infero. Affine igitur *Lavalleis*, i. e. *Strombosiis* haud eleutherogynis. Sed distinguitur a *Pyrulariis Lavallea* perianthio duplici, sepalis (?) imbricatis, ovario septato et ovulis plerumque petalorum numero æqualibus. De structura ovarii in *Pyrularia* cfr quoque *Adansonia*, II, 372.

Pyrularia, Jodina et *Cervantesia* inter se tantum differunt: *Pyrularia* ovario ex magna parte infero; *Jodina* germinis ima basi tantum sub insertione perianthii sita; *Cervantesia* gynæceo omnino supero, ni cures de forma placentæ et longitudine et de ovulorum numero, characteribus in Ordine momenti minimi.

ERYTHROPALUM BL., *Bijdr.*, 921.— B. et H., *Gen.*, 347 (MACKAYA ARN. —MODECOPSIS GRIFF.), frutex scandens in Asia tropica crescens, ex descript. *Pyrulariæ* simul et *Lavalleæ* proximum videtur. Sed ovarium dicitur disco semi-immersum (an liberum?) uniloculare et 2-3-merum.

26. HENSLOWIA BL., *Mus. Lugd.-Bat.*, 1, 243, t. 43, nec WALL. — A. DC., *Prodr.*, XIV, 631. — VISCI spec. BL., *Bijdr.* — TUPEIÆ spec. KORTH., *Dissert.* (nec CHAM. et SCHLECHT.) — DENDROTROPHE MIQ., *Fl. Ind. bat.*, 1, 779.

Genus, ut supra dictum (*Adansonia*, II, 363), vix a *Lavalleis* nisi perianthio simplici distinguitur. Ovula in genere utroque petalis anteposita. Flore quoque fere toto, scil. perianthio et androcæo, cum *Exocarpo* perfecte congruit. Sed ovulorum directione et sacculo amniotico in *Henslowia* reflexo distinguuntur.

Ovarium ut in *Santalaceis* aliis omnibus inferum. Perianthium duplex.

A. Flores unisexuales plerumque 4-meri. Ovula in ovario 1-loculari plerumque 3.

27. BUCKLEYA TORR., in *Amer. Journ. of sc.* (1843), 45, 170. — A. DC., *Prodr.*, XIV, 623. — BORYÆ spec., NUTT., *Gen. amer.*, II, 232.

Cfr. A. GRAY, *Note on gen.* Buckleya, in *Amer. Journ.* (1854), 18. — A. DC., *Note sur les Santal.* — H. BN, in *Adansonia*, II, 373.

B. Flores ex omni parte isomeri, hermaphroditi. Ovula in ovario imperfecte septato plerumque 5.

28. LAVALLEA H. BN, in *Adansonia*, II, 361.— STROMBOSIÆ spec. AUCTT.

Perianthium simplex. Corolla aut nuda aut disco pedunculari brevi tantum basi cincta. Ovarium, ut in *Santalaceis* legitimis omnibus, inferum.

29. SCHOEPFIA Schreb., *Gen.*, 129. — Endl., *Gen.*, n. 4261. — A. DC., *Prodr.*, XIV, 622. — B. et H., *Gen.*, I, 348. — Codonium Vahl, in *Act. Soc. Hafn.*, II, 206, t. 6 et *Symb.*, III, 36. — Diplocalyx A. Rich., *Fl. Cub.*, II, 81, t. 54.)

Calyx nullus. Involucrum sub ovario parvum subintegrum v. inæquali-2-4-dentatum, marginibus nonn umquam ciliato–denticulatis. Corollæ petala 4-5 aut sublibera aut in corollam campanulatam coalita ; præfloratione valvata. Stamina 4-5 petalis opposita iisque inserta. Ovarium omnino inferum v. semi-inferum disco epigyno coronatum, alte 2-4-loculare. Corolla annulo integerrimo prominulo (receptaculi margine incrassato) basi cincta (disco hypogyno B. et H.).

Species ad 11 in sectiones 3 bene dividuntur :

α. *Choristigma.* Germen semi-inferum. Involucri bracteæ 4 cum petalis alternantes. Petala vix basi coalita. Antheræ fere sessiles crassæ petalis subæquales iisque prope ad basim insertæ. Ovula 4 petalis alterna. Stigmata sessilia 4 parva distincta summo ovario inserta.

Species hucusque unica : *S. grandifolia,* foliis alternis petiolatis late ovato-lanceolatis, basi rotundatis, apice acuminato; subintegris membranaceis glabris penninerviis, costa venisque subtus prominulis; anthemiis axillaribus petiolo brevioribus. — Crescit in Bahia, ubi legit Blanchet (exs., n. 2088).

β. *Euschœpfia.* Germen semi-inferum. Involucri bracteæ plerumque 3. Corolla 5-6-mera. Ovarium 3-merum. — Species gerontogeæ.

In *S. sinensi* Gardn. et Champ., ovarium disco crasso carnoso coronatum styli basim cingente, plerumque inæquali-lobato. Dissepimenta incompleta loculis dimidio breviora. Stylus cylindraceus brevis, apice dilatato 3-lobo. — In *S. fragrante* Wall. stamina 5, filamentis ad apicem tantum liberis, infra corollæ longe adnata. Stylus quoque apice dilatato 3-gonus. Flores racemosi.

γ. *Codonium.* Germen omnino inferum disco crasso coronatum. Stylus erectus apice capitato subintegro stigmatosus. Ovula 2-3, dissepimentis

fere completis. Petala 4-5 alte coalita. Stamina corollæ inserta, antheris
fere sessilibus brevibus. — Species Americanæ æquinoctiales (*Corneis*
inter omnes valde affines).

Genus sectionis α ovario 4-mero *Ximeniæ* et speciebus 2-ovulatis
Cathedræ arcte affine. Differt præcipue perianthio supero v. semi-supero.
Quo charactere *Anacolosæ* quoque proximum fit.

30. ANACOLOSA Bl., *Mus. Lugd.-Bat.*, I, 250, t. 46. —
B. et H., *Gen.*, 1, 348:

Involucrum inferum cyathiforme integrum v. denticulatum.
Ovarium aut omnino inferum aut semi-inferum. Corollæ petala
6 cum involucri dentibus, dum manifesti sint, alternantia. Discus
annularis basim corollæ cingens, sicut et petala ipsa aut perigynus
aut epigynus. Stamina petalorum numero æqualia et in eorum
concavitate nidulantia; antheris apice penicillatis 4-locularibus?
Ovula plerumque 2 (1).

Species ad 5, quarum una africana orientalis.

Antheræ *A. frutescentis* Bl. (olim sub *Stemonuro*) subterminales 4-locu-
lares videntur. Ovarium a cl. auctore (*loc. cit.*, 251) non bene usque ad
basim uniloculare dicitur. Septa, licet valde incompleta, exstant 2 cum
ovulis alternantia, margine sursum concavo.

Congener ZOLLINGERI exs. n. 699 (« *Olacinea ignota* »), scil. *A. Zollingeri*, quæ præcedenti proxima, foliis ovatis basi rotundatis, apice obtuso,
subtus glaucescentibus nec ferrugineis, costa subtus prominula, nervis
venisque reticulatis; floribus axillaribus pedicellatis solitariis v. cymu-

____

(1) Il serait possible, il me semble, de faire ici, entre nos deux sections C et D,
l'une à ovaire infère, l'autre à ovaire supère, un petit groupe de passage qui serait
formé de deux genres. Le premier serait constitué par les genres *Anacolosa* et
Cathedra réunis, et, dans l'état actuel de nos connaissances, il renfermerait trois
sections. La première se composerait de l'*Anacolosa* africain, dont l'ovaire est tout
à fait infère. La seconde comprendrait les *Anacolosa* asiatiques, avec leur ovaire
semi-infère. Quant à la troisième, l'ovaire y serait tout à fait libre et elle renfermerait les espèces du genre *Cathedra* actuel. Les fleurs de ce dernier sont d'ailleurs
tantôt pentamères et tantôt hexamères. Le second genre de transition dont nous
voulons parler serait formé des *Liriosma* et des *Olax* réunis, avec deux sections,
dont une à ovaire infère plus complétement cloisonné, exclusivement américaine.
Peut-être le *Schœpfia* relié par l'intermédiaire de la section *Choristigma* au
Ximenia, et le *Lavallea* réuni au *Strombosia*, pourraient-ils entrer dans la même
catégorie; et peut-être même aussi le *Pyrularia* confondu avec le *Cervantesia* et
le *Jodina*.

losis; petalis 6 crassis carnosis, valvatis, intus subcarinatis villosis; gynæceo semi-supero, ovario 6-gono basi 2-septato; apice 1-loculari 2-ovulato; fructu drupacceo pedunculato.

Genus in sectiones 2 dividitur; altera ovario omnino infero conspicua, speciem unicam hucusque includens in Africa orientali oriundam, cujus sequitur adumbratio.

A. *Pervilleana* sp. nov.; flore, ut in præcedentibus, 6-mero. Ovarium omnino inferum basi involucro cyathiformi coriaceo subintegro cinctum. Corolla omnino supera annulo disciformi cincta; petalis valde ad apicem incrassatis, basi intus concava. Stamina minuta nidulantia, in floribus nonnullis sterilia videntur. Ovula in ovario uniloculari 2, placenta centrali libera, dissepimentis valde depressis. Fructus (immaturus) stylo acuto persistente apiculatus annulis 2 concentricis coronatus : altero disciformi jam in flore conspicuo, altero interiore (petalorum basi).

Frutex 2-3-metralis, ramulis teretibus rugulosis striatis, foliis parvis ovatis ellipticisve basi attenuatis, apice plerumque rotundato; integerrimis membranaceis glaberrimis, supra lucidis, subtus opacis : petiolo brevi gracili.

In Ambongo et Nossibe Madecass. legit Perville, ann. 1841 (exs., n. 566, 630, 639 et 760).

31. LIRIOSMA Pœpp. et Endl., *Nov. gen. 'et sp.*, III, 33, t. 239. — Deless., *Icon. select.*, V. t. 41. — Endl., *Gen.*, n. 5492^1.— Miers, in *Ann. of nat. Hist.*, ser. 3, IV, 362; *Contrib.*, 1, 16, t. 3. — B. et H., *Gen.*, I, 347. — Dulacia Velloz., *Flor. flum.*, I, t. 78. — Hypocarpus A. DC., *Prodr.*, VIII, 245, 673. — Olacis spec. Benth., in *Lond. bot. Journ.*, II, 375.

Calyx nullus. Petala 6 per paria cohærentia, basi margine receptaculi concavi incrassato integerrimo, fructifero valde circa fructum aucto cincta. Germen semi v. fere omnino inferum basi 3-loculare, placenta centrali apice libera 3-ovuligera. Embryonis radicula supera, i. e. apicem superum sacci amniotici spectans. Inflorescentia *Olacis* ac *Pseudaleiæ*.

De floris et gynæcei fabrica cfr supra, p. 2.

D. Ovarium superum. — OLACINEÆ propriæ (excl. *Icacineis*
et *Phytocreneis*.)

32. OLAX L., *Amœn.*, 1, 387. — DC., *Prodr.*, 1, 531. —
ENDL., *Gen*, n. 5492. — B. et H., *Gen.*, 347. — FISSILIA COMM.,
in JUSS. *Gen.*, 260. — SPERMAXYRUM LABILL., *Nov.-Holl.*, II, 84,
t. 233. — LOPADOCALYX KL., in *Plant. Preiss.*, 1, 178. — PSEU-
DALEIA et PSEUDALEIOIDES PET.-TH., *Gen. nov. Madagasc.*, 15. —
DC., *Prodr.*, 1, 533. — ENDL., *Gen.*, n. 5493, 5494.

De structura floris, cfr *Adansonia*, II, 350, 353, 380. Genus in sectiones 3 dividimus.

α. PSEUDALEIA (*Pseudaleioides* et *Pseudaleia* PET.-TH.). Semina albu-
minosa (cfr *Adans.*, III, 54). In *O. pseudaleioide* W. (*Ps. Thouarsii* DC.)
corollæ petala 5 inter se æqualia libera. Stamina plerumque 6 fertilia
quorum 4 petalis totidem, 2 autem geminatim petalo quinto opposita.
Corolla forte, 6-mera, petalis 2 in unum coalitis. Antheræ introrsæ
2-loculares rimosæ, filamentis basi petaloideis corollæ adnatis; glandula
fimbriata ciliatave complanata inter petalum stamenque applicata.
Ovarium liberum alte septatum 3-ovulatum, ovulis atropis nudis. Stylus
basi incrassatus obconicus, apice capitato obtuse 3-gono stigmatoso.
Flores et fructus cupula pedunculari muniti.

β. In *O. aphylla* R. BR., petala 5 valvata, staminodiaque tenuissima
v. vix conspicua, monentibus cl. BENTHAM et HOOKER.

γ. FISSILIA. Petala plerumque 5-6. In floribus 5-meris, petala 4 per
paria coalita. Stamina 3 fertilia. Staminodia 5-8, antheris sterilibus
spathulatis erectis petaloideis. Species ad 20 ab auctoribus enumeratæ
quibus addantur :

1. *O. Pervilleana*, fruticosa (15-pedalis), ramis alternis gracilibus hir-
tellis, foliis vix petiolatis parvis alternis integerrimis glaberrimis membranaceis; petalis 3 (sec. BVN. An 6 per paria approximatis?); fructu
parvo ovoideo apiculato glaberrimo 1-spermo, basi calyce vix aucto
munito.

In Madagascaria legerunt BERNIER et PERVILLÉ (n. 513) et cum BOIVIN
(*herb.*, n. 2157) communicaverunt, anno 1846.

2. *O? quercina*, fruticosa, ramis alternis, foliis longiuscule petiolatis
e basi attenuata ellipticis, apice acutiusculis, integerrimis membranaceis

penninerviis venosulis, supra glaberrimis lucidis, subtus opacis: floribus ignotis; fructu breviter pedicellato conico glaberrimo apiculato, basi cupula crassa integerrima (eam *Quercus Roburis* quodammodo referente) munito.

In Ambongo Madecass. legit Pervillé, anno 1841 (exs., n. 683).

3. *O. psittacorum* (*Fissilia psittocorum* LAMK. — *F. disparilis* COMM , mss.), species polymorpha, in Borbonia reperta est a COMMERSON, ann. 1771, in monte *S. Dionysii*; a RICHARD (exs. n. 122); et a BOIVIN, ann. 1851, in loc. dict. *Rivière des Galets* (exs. n. 2617, herb. Mus.).

4. *O? Boiviniana*, fruticosa, ramis alternis furcatisve gracilibus puberulis, foliis alternis sessilibus lanceolatis utrinque acutis integerrimis coriaceis glaberrimis aveniis, costa prominula subcarinata; fructu ignoto.

In S. Maria madagasc. a BERNIER olim lecta et cum BOIVIN, ann. 1846, communicatum.

5. *O. Bernieriana*, fruticosa? foliis alternis ovato-ellipticis acutiusculis, supra glaberrimis lucidis, subtus opacis ferrugineis, petiolis longiusculis canaliculatis; fructu globoso puberulo, cupula suberosa sibi fere æquali applicata apice irregulariter fissa stipato.

In Malacassia invenit BERNIER (exs., n. 259).

6. *O. Breonii*, ramis alternis striatis; foliis alternis lanceolatis apice acutis obtusatisve, integerrimis coriaceis glaberrimis lucidis; corolla 5-mera, staminibus fertilibus 3, staminodiis 4-5; ovario 3-gono.

In Borbonia legit BRÉON (exs., n. 263).

7. *O. Thouärsiana*, ramulis distichis nutantibus striatis; foliis alternis obovatis integerrimis coriaceis nitidis venosis; floribus puberulis racemosis; calycodio obsolete dentato.

DU PETIT-THOUARS, in suopte herbar. (e Mauritia?).

8. *O. gambecola*, fruticosa, foliis alternis sessilibus late ovato-lanceolatis apice producto acuminatis integerrimis membranaceis venosis; floribus magnis racemosis; racemis laxis axillaribus; ovario basi nonnihil infero 3-loculari 3-ovulato; fructu subnudo parvo globoso glaberrimo. Species *Olacem* inter et *Liriosmam* media.

In Senegambiæ *Fouta-Dhiallon*, prope ad rivos, detexit HEUDELOT (exs., n. 715) in januario fructiferum.

9. *O. multiflora* A. RICH., mss., foliis late ovato-acutis integerrimis coriaceis glaberrimis; floribus elongatis racemosis distichis; racemis axillaribus fasciculatis.

Crescit in *Manilla* ubi inven. Perrottet, ann. 1819; Gaudichaud, ann. 1836 (sert. *Bonite*, n. 309) et Barthe (1857).

Ximenia? olacioides W. et Arn. est *Olax scandens* Roxb.

Ovarium ex magna parte farctum. Petala omnia libera.

33. PTYCHOPETALUM Benth., in *Hooker's Journ.*, II, 376. — B. et H., *Gen.*, 347. — Athesiandra Miers, in *Ann. of nat. Hist.*, ser. 2, VIII, 172.

Calyx 0. Discus exterior brevis obsoletus. Petala plerumque 5 libera valvata intus basi concava pilosa. Stamina plerumque 8, filamentis corollæ adnatis basi complanatis; scilicet 2 petalis 2 opposita, 6 autem per paria petalis 3 alteris opposita, inæqualia, majore altera nonnunquam cum petalis 2 subalternante. Antheræ in concavitate petalorum nidulantes, basifixæ 2-loculares, loculis introrsis linearibus rimosis; connectivo dorsali glanduloso. Ovarium liberum uniloculare farctum, placentæ apice breviter libero; ovulis? nudis pendulis. Discus hypogynus intra stamina minimus. Flores racemosi distichi.

Genus *Olaci* proximum simul et *Loranthis* ovario farcto valde affine; *Nuytsiam* multis notis refert a qua tantum gynæceo supero denique separatur. Stamina jure cum petalis alternantia in specie guianensi, scil. *P. olacoide* Benth., nulla vidimus.

Flores isostemoni. Gynæceum 2-merum. Involucrum sub corolla calyciforme.

34. CATHEDRA Miers, in *Ann. of nat. Hist.*, ser. 2, VII, 452; *Contrib.*, 1, 9, t. 2. — B. et H., *Gen.*, I, 348. — Diplocrater Benth., in *Hooker's Journ.*, III, 367.

Receptaculum florale cyathiforme. Corollæ petala 5-6, rarius 7, receptaculi margine inserta libera valvata caduca. Involucrum cyathiforme subintegrum v. denticulatum sub receptaculo insertum, post deflorationem auctum. Calyx legitimus nullus. Stamina petalorum numero æqualia et iisdem opposita, cum iis margine receptaculi inserta, v. ima basi filamentorum petalis adnata et cum iis decidua. Ovarium liberum concavitate centrali receptaculi insertum, apice uniloculare, basi 2-loculare ; ovulis 2 ex apice libero placentæ centralis pendulis; dissepimentis 2 incompletis cum ovulis alternantibus. Stylus subulatus apice attenuato stigmatosus.

Flos fœmineus nudus ? ovulo solitario erecto.

35. AGONANDRA Miers, in *Ann. and. Mag. of nat. Hist.*, ser. 2, VIII, 172. — B. et H., *Gen.*, 349.

Genus nobis penitus ignotum, inter *Lepionurum* et *Cansjeram* a cl. Bentham et J. Hooker collocatum, ex descriptione *Opilieis* simul et *Visceis* affine videtur.

Ovarium uniloculare plerumque uniovulatum. Flores in racemis cymosi minuti (Opilieæ).

36. OPILIA Roxb., *Pl. Coromand.*, II, 31, t. 158. — Endl., *Gen.*, n. 5480. — Payer, *Fam. nat.*, p. 48. — B. et H., *Gen.*, 350. — Groutia Guillem. et Perr., *Fl. Seneg. tent.*, 100, t. 22. — Lepionurus Bl., *Bijdr.*, 1148.

Flos 4-5-merus. Calyx nullus. Petala annulo disciformi obsolete 3-5-dentato v. integro, v. nullo cincta. Stamina petalorum numero æqualia, antheris introrsis 2-locularibus. Discus in squamas 4-5 ovarium cingentes cum petalis alternantes divisus. Ovarium liberum 1-loculare, stylo brevi, apice stigmatoso obtuso v. inæquali-lobato. Ovulum 1 (v. rarissime 2-3) sub apice placentæ centralis erectæ liberæ pendulum. Fructus drupaceus monospermus. Semen albuminosum ; embryonis radicula supera.

Genus in sectiones 3 a nobis divisum.

α. Euopilia (v. Groutia). Receptaculum depresso-conicum. v. complanatum. Petala 5 (rarius 4) valvata libera post anthesin reflexa, disco exteriori integro v. obsolete dentato cincta. Discus in squamas crassas obpyramidatas complanatasve erectas divisus. Stigma obtusum. Ovula 1-2 nuda.

Huc refer. *O. Pentitdis* Bl.; *O. amentacea* Roxb. ; *O. celtidifolia* Ann. (*Groutia celtidifolia* Guill. et Perr.). Flores in racemis cymosi ternati.

β. Opiliastrum. Receptaculum depresso-concavum. Discus exterior 0. Discus interior in squamas 4-5 breviores divisus. Flores 4-5-meri polygamo-diœci. Germen abortivum in flore masculo conicum farctum.

Speciem hucusque 2 includit hæc sectio, *Lepionurum* cum *Opilia* con-
nectens :

1° *O. manillana*, foliis alternis ovato-acutis crenulatis, basi cuneata
in petiolum brevissimum attenuata, summo apice obtusiusculo; coriaceis penninerviis glaberrimis; floribus breviter pedicellatis racemosis;
racemis axillaribus solitariis v. fasciculatis, simplicibus ramosisve. Crescit
in Manilla ubi legit PERROTTET, ann. 1819.

2° *O. Cumingiana*, foliis brevioribus subcarnosis integerrimis subave-
niis, apice acutissimo; floribus majoribus quam in præced. (An forma
tant?). CUMING., n. 1129.

γ. LEPIONURUS BL., *Bijdr.*, 1148; *Mus. Lugd.-bat.*, 247. — B. et H.,
Gen., 349. — LEPTONIUM GRIFF., in *Calcutt. Journ. of nat. Hist.*, IV, 140.
— ENDL., *Gen.*, n. 5489, *Suppl.* IV, 72.

Receptaculum concavum cupulæforme intus disco glanduloso duplica-
tum, in squamulas obtusas integras v. bifidas cum petalis alternantibus
bifidas partito. Flos 4-merus. Petala et stamina margine receptaculi inserta. Discus exterior aut nullus aut vix conspicuus integerrimus. Ovulum 1 (rarius 2) atropum e placenta centrali lateraliter pendulum. Flores
cymosi, cymis 1-3-floris in racemo communi alternis; bracteis squamosis
caducis. — Spec. unica, polymorpha : *O. acuminata* WALL., *Cat.*, n. 7206.
(*Lepionurus sylvestris* BL. — *Leptonium oblongifolium* GRIFF.). Crescit in
Sillet (WALLICH, ann. 1832); ad Sikkim (HOOK. et THOMS., n. 353); in
Khasia (HOOK. et THOMS., n. 351); in Java (BLUME, herb. Lugd.-bat.).

37. CANSJERA JUSS., *Gen.*, 448. — ENDL., *Gen.*, n. 2103.—
MEISN., *Prodr.*, XIV, 518 (inter *Thymeleaceas*). — WALP.,
Ann., I, 124; II, 180. — BLUME, *Mus. Lugd.-bat.*, I, 245. —
AGARDH, *Theor. system. plant.*, 238.— MIERS, *Contrib.*, 1, 32.
— B. et H., *Gen.*, 349.

Perianthium simplex (corolla) apice 4-lobum, lobis 2 anticis.
Stamina 4 lobis opposita libera, antheris 2-locularibus introrsis
rimosis. Glandulæ v. squamæ 4 hypogynæ plerumque complanato-
elongatæ, cum staminibus alternantes. Ovarium superum liberum
conoideum v. subquadrigonum, apice attenuato. Stylus apice
dilatato capitatus 4-lobus, lobis cum staminibus alternantibus,
lateralibus, apice depresso foveolatis. Ovulum unicum atropum
ex apice placentæ brevis erectæ pendulum. Drupa monosperma.

Embryonis albuminosi radicula supera. Flores in spicis axillaribus sessiles bracteati. Spicæ nonnunquam 3 cymosæ, una media, alteris 2 lateralibus junioribus. Folia alterna basi articulata.

Species ad 4 asiaticæ et australasicæ. Glandulæ apice aut subintegræ aut (in *C. timorensi* Decne) inæquali-3-dentatæ. Calycem cl. Bentham et Hooker in floribus bene maceratis a corolla distinctum separaverunt.

Placenta excentrica uniovulata.

38. CHAMPEREIA Griff., in *Calc. Journ. of nat. Hist.*, IV, 140.—Endl., *Gen.*, n. 5497⁴, *Suppl.* 4.—Walp., *Ann.*, I, 125.

Receptaculum cupulæforme intus glandulosum, disci margine 4-lobato, lobis cum petalis alternantibus. Calyx nullus. Corollæ petala 4, quorum 2 antica, valvata. Stamina 4 petalis opposita et cum eis inserta, filamentis complanatis, connectivo horizontali, antherarum loculis discretis introrsis, longitudine dehiscentibus. Ovarium fundo receptaculi insertum liberum conicum, apice attenuato 3-lobo pervio, uniloculare; placenta brevi erecta excentrica; ovulo uno ab apice placentæ lateraliter pendulo nudo atropo.

Character. e specie indica a cl. Perrottet in India orientali haud procul a *Calicut* lecta, anno 1855, scil. *C. Perrottetiana*, cujus sequitur adumbratio.

Frutex erectus ramosus, ramis teretibus glabris, cortice pallido striato; medulla deficiente fistulosis. Folia alterna petiolata aut symetrica aut insymetrica ovato-lanceolata (14 cent. longa, 5 cent. lata) basi obtusiuscula, summo apice obtusato; integra repandave coriacea crassa, supra lucida glaberrima in sicco glaucescentia, subtus opaca pallidiora, penninervia, basi sub 3-nervia, venosa; venis subtus prominulis. Petioli breves (½ cent.) complanati glabri basi articulati. Flores spicati, spicis axillaribus simplicibus folio brevioribus.

Flores quidam 5-meri, petalo uno bracteæ opposito. Genus inter *Opiliam* et *Cansjeram* medium.

Ovula 2-3. Flos *Opiliearum* (Cervantesieæ).

39. CERVANTESIA R. et Pav., *Prodr.*, 31, t. 7. — Endl., *Gen.*, n. 2084⁴. — Miers, *Contrib.*, 29. — A. DC., *Prodr.*,

XIV, 692. — ELÆODENDRI spec. W., in ROEM. et SCH., *Syst.*, V,
345. — CASIMIROA DOMB., mss. in herb.

Receptaculum cyathiforme. Petala 5 crassa intus glanduloso-
villosa, valvata, receptaculi marginibus inserta concava. Discus
receptaculo adnatus 5-lobus, lobis complanatis obtusis subpeta-
loideis cum petalis alternantibus. Calycis v. disci exterioris rudimentum 0. Stamina 5 cum petalis inserta iisque opposita, antheris
introrsis 2-locularibus longitudine dehiscentibus. Ovarium in
fundo receptaculi liberum ! in stylum crassum apice 2-lobum
desinens, uniloculare; placenta longissima basilari libera in loculo
contortuplicata, sub apice 2-ovulifera.

Genus, ut supra diximus, *Pyrulariæ* valde affine, ovario libero tantum
distinguendum; proximum et simul *Cansjeræ* a qua differt imprimis
ovulorum numero et insertione. Species ut videtur 2, quorum una peru-
viana, scil. *C. tomentosa* R. et PAV., in montibus Peruviæ a Dombey lecta;
altera indumento rufescenti leviori nec ferrugineo primo intuitu diversa,
quæ *C. Kunthiana* (H. B. K., *Nov. gen. et spec.*, VII, 189; *Adansonia*, II.
373, t. XI).

40. JODINA HOOK. et ARN., in *Bot. Miscell.*, III, 471.— MIERS,
Contrib., 29. — ENDL., *Gen.*, n. 5710. — ILICIS spec. LAMK.

Calyx v. discus exterior 0. Petala 5 valvata receptaculo cupulæ-
formi inserta. Stamina totidem cum petalis inserta eisque opposita. Discus 5-lobus, lobis petaloideis cum petalis alternantibus.
Ovarium nisi ima basi liberum uniloculare; placenta basilari erecta
brevi 3-ovulifera. Cætera omnia *Cervantesiæ*.

Genus vix a præcedente separandum. Differt tantum placenta brevis-
sima, ovario vix ima basi libero et ovulorum numero (Cfr. *Adansonia*, III, 68).

Stamina in tubum connata. Antheræ extrorsæ (*Aptandraceæ*
MIERS).

41. APTANDRA MIERS, in *Ann. of nat. Hist.*, ser. 2, VII,
201 ; *Contrib.*, I, 1, t. 1. — HEISTERIÆ spec. PÖPP. et ENDL.,
Nov. gen. et sp., III, t. 241.

Calyx ? 4-merus. Petala longe exserta valvata. Squamæ 4 breves cum petalis alternantes. Stamina 4 petalis opposita, squamis interiora, loculis 2 extrorsis petalis singulis oppositis, valvicide dehiscentibus, reflexis. Ovarium superum basi 2-loculare, septis incompletis, duobus e calycis (?) lobis oppositis; ovulis 2 ab apice libero placentæ ante lobos alteros 2 pendulis.

Frutices boreali-brasilienses. — Petala basi foveolis 2 lateralibus instructa, glandulis hypogynis nidulantibus (in *A. lyriosmoidei* SPRUCE).

Ovarium alte septatum, summo apice uniloculare (XIMENIEÆ).

42. STROMBOSIA BL., *Bijdr.*, 1124. — ENDL., *Gen.*, n. 5752. — B. et H., *Gen.*, 348.

In generis hujus specie prototypica, scil. *S. javanica* BL., ovarium omnino superum sine dubio est. Species igitur illæ quæ non gynæceo libero donantur, eodem jure ac *Liriosma* ab *Olace*, generice separanda videntur. Quarum nonnullæ potius forsan ad *Pyrulariam* v. gen. affin. referendæ essent (Cfr. *Adansonia*, II, 362).

Petala imbricata.

43. STOLIDIA H. BN, in *Adansonia*, II, 359.

Petala valvata.

44. HEISTERIA L., *Gen.*, n. 535. — DC., *Prodr.*, I, 532. — ENDL., *Gen.*, n. 5491. — WALP., *Repert.*, II, 803; *Ann.*, II, 181; IV, 353. — B. et H., *Gen.*, 346. — HESIODA VELLOZ., *Fl. flum.*, IV, t. 140. — RHAPTOSTYLUM H. B., *Pl. æquin.*, II, 139, t. 125. — H. B. K., *Nov. gen. et sp.*, VII, t. 621 (docentibus prior. TRIANA mss., in *herb. Mus. par.* et B. H., *loc. cit.*). — ACROLOBUS KL., in *Verh. Akad. wissench. Berl.* (1856), 236, t. 3.

Calyx ? fructifer plerumque auctus 5-6-merus. Stamina petalis duplo pluria, rarius numero æqualia, corollæ plerumque arcte cohærentia nec adnata. Ovarium supra ad basin latere incrassatum carnosum discoideum sæpe 10-sulcatum, sulcis staminum filamentis oppositis. Loculi 3 incompleti (ovario apice uniloculari). Flores fasciculati, jure racemosi, racemis valde contractis axillaribus.

Ovarium nunquam perfecte usque ad summum apicem septatum. vidimus. In spatio licet brevissimo, supra placentam uniloculare est. In *H. cauliflora* petala intus ante antheras villosa; stylus apice stigmatoso obsolete 3-lobus. Ovarium altius quam in *H. parviflora* Sm. septatum. In hac specie africana styli 3 breves basi coaliti. In *H. coccineæ* drupis mesocarpium tenue, endocarpio durissimo. Semen suspensum, albumine carnoso copiosissimo, embryone supero minutissimo.

45. XIMENIA Plum., *Gen.*, 6, t. 21. — DC., *Prodr.*, I, 533. — Endl., *Gen.*, n. 5490. — B. et H., *Gen.*, 346. — Heymassoli Aubl., *Guian.*, 1, 324, t. 125. — Rottböllia Scop., *Introd.*, n. 1060. — Tetanosia Rich., *mss.*

Flos (*Heisteriæ*) 4-merus. *X. ramosissima* Shuttl., ovario incomplete 5-septato, ovulis 5 anatropis e basi loculorum erectis sessilibus anatropis, e speciminibus mancis, ovario fœcundato tantum viso, e genere forsanque ex Ordine removenda est.

EXPLICATIO FIGURARUM TABULÆ.

Fig. 1. Ramus floridus magn. nat. *Coulæ edulis* (e speciminibus a cl. *Aubry-le-Comte* collectis).

Fig. 2. Flos expansus auctus.

Fig. 3. Flos, ut præcedens 5-merus, 20-andrus, longitudine sectus.

Fig. 4. Floris 5-meri, 20-andri diagramma.

Fig. 5. Fructus natura minor, longitudine sectus.

Fig. 6. Embryo.

Paris. — Imprimerie de L. MARTINET, rue Mignon, 2.

Coula edulis